옆집 아이의
영어 독서법

옆집 아이의 영어 독서법

초판 1쇄 2022년 07월 26일
초판 2쇄 2022년 10월 19일
지은이 김지원 | **펴낸이** 송영화 | **펴낸곳** 굿위즈덤 | **총괄** 임종익
등록 제 2020-000123호 | **주소** 서울시 마포구 양화로 133 서교타워 711호
전화 02) 322-7803 | **팩스** 02) 6007-1845 | **이메일** gwbooks@hanmail.net
ⓒ 김지원, 굿위즈덤 2022, *Printed in Korea*.
ISBN 979-11-92259-31-4 03590 | 값 16,000원

영 어 와 가 장 재 미 있 게 친 해 지 는 방 법

옆집 아이의
영어 독서법

김지원 지음

굿위즈덤

저는 26년 차 영어 선생님으로 제 아이를 엄마표로 가르치고자 했으나 성공하지 못했습니다. 누구보다 잘 가르치는 베테랑 선생님이지만 엄마 표로 내 아이를 가르치는 데는 실패했습니다. 그 이유가 무엇인지 시간 이 지난 지금은 알지만, 당시는 따라와주지 않는 아이에게 화도 나고, 자 책도 많이 했었습니다. 그러나 그런 와중에도 제 아이에게는 나와 같은 반쪽짜리 영어를 가르쳐서는 안 된다는 일념으로 최고의 방법을 찾아 지 금에 이르렀기에 후회는 없습니다.

'중이 제 머리 못 깎는다'는 말처럼 영어 선생님이 자기 자식 가르치지 못한다는 말이 두려웠던 적이 있습니다. 나와 성격이 전혀 다른 나의 아 이를 가르친다는 것이 제게는 너무도 힘이 들었습니다. 인터넷이나 책 을 보면 남들은 모두 엄마표에 성공한 것 같고, 그들의 아이는 전부 영어 로부터 자유로운 아이로 성장한 것처럼 보입니다. 하지만 저처럼 자신의 아이를 가르치기를 힘들어하는 부모님들이 사실 더 많음을 알게 되었습 니다. 그런 부모님들에게 저 같은 사람도 있음이 위안이 되지 않을까 싶 어 이 책을 씁니다.

저는 지난 26년간 생후 18개월 아기부터 고3 친구까지 영어를 가르쳐 왔습니다. 첫 직장으로 교육회사에 근무하며 아이들을 가르치기 시작했습니다. 제가 근무하던 회사는 조기 영어교육의 바람을 타고 하루가 다르게 성장하며 해외로 뻗어나가고 있었습니다. 의욕이 넘쳤던 저는 더 넓은 세계로 나가 일을 해보고 싶은 마음에 해외 지사 근무를 지원했으나 영어 실력의 벽에 부딪혀 기회를 놓치고 말았습니다.

저는 억울했습니다. 중·고등학교를 다니며 그래도 열심히 공부했고, 대학 4년 동안 어학원을 꾸준히 다니며 익힌 영어가 내 인생의 기회를 잡아주지 못했습니다. 내 아이에게는 나와 같은 좌절을 겪게 하고 싶지 않다는 생각 하나로 학교를 졸업하면 쓸모가 없어지는 영어가 아닌, 공부한 시간이 고스란히 실력으로 남는 영어를 가르치기 위해 애써왔습니다.

참으로 재미있는 사실은 30년 전 제가 배웠던 일반적인 방식의 영어 지도방법, 즉 문법과 단어, 독해집을 중심으로 지도하는 방식이 2022년인 지금까지도 큰 변동 없이 적용되고 있다는 점입니다.

학교에서 시험을 보기 위해 공부한 영어는 시험이 끝나면 잊힙니다. 고등학교를 졸업한 후 '쓸모 있는' 영어를 다시 배우기 위해 낭비하는 시간과 비용도 없애고 싶었습니다.

저는 제가 겪었던 시간 낭비와 비효율을 제 아이에게는 경험하게 하고 싶지 않았습니다. 그래서 제 아이를 가르칠 프로그램을 전 세계를 뒤져 찾아냈고, 그 프로그램이 더 높은 성과가 나도록 디자인했습니다. 또한, 한국의 환경에서 부족할 수밖에 없는 말하기 기회를 영어를 모국어로 사용하는 외국인 선생님을 고용해 저렴한 가격에 누구나 쉽게 경험할 수 있도록 했습니다.

어린아이들에게 독서는 뇌의 운동과도 같습니다. 뇌 발달이 활발히 일어나는 초등시절은 반드시 독서교육을 해 아이가 평생 사용할 뇌를 튼튼히 해주어야 합니다. 아이가 이를 닦지 않으면 억지로라도 닦게 하는데, 아이가 책을 읽지 않으면 흥미가 없나 보다 하면서 포기하는 부모님들에게 말하고 싶습니다. 이 책을 통해 아이들에게 왜 책을 읽혀야 하는지, 어떻게 읽혀야 하는지, 또 부모님이 할 수 없다면 대신해서 지도해줄 수 있는 프로그램을 대안으로 제시하고 싶습니다.

지난 2년간 코로나 시국을 거치며 우리나라의 위상이 그 어느 때보다 높아진 지금, 모든 영역에 'K'를 접두사로 붙이면 일류로 받아들여지고 있습니다. 머지않은 미래에 통일된 우리나라의 주역이 될 아이들은 세계의 기준을 만들어내는 인재로 자랄 것입니다. 우리 아이들이 활동할 세계무대에서 글로벌 리더로서 영어를 멋지게 사용할 수 있도록 저는 지금

이 자리에서 최선을 다할 것입니다.

이 책의 부록으로 수준별 추천도서 목록을 첨부하였습니다. 영어책 읽기에 남다른 열정으로 이 목록을 만들기 위해 함께 해주셨던 리딩버디 휘경점 주운선 원장님, 리딩버디 광진점 허민애 원장님, 고양시 디어잉글리쉬 박민주 원장님, 뉴질랜드에 계신 황수연 원장님께 지면을 빌어 감사의 말을 전합니다.

〈책을 통해 성장하는 아이들〉이라는 이름 아래 영어 독서의 또 다른 축, 한국어 독서를 함께 해주고 있는 저의 파트너, 『우리준』 교과논술의 집필자이자 남편인 김병성 님께 깊은 감사를 전합니다. 나태함에 빠져 있을 때 자극제 역할을, 너무 앞서 나갈 때 브레이크 역할을 해주며 덜렁대며 놓치는 부분을 뒤에서 꼼꼼히 챙겨주어 고맙습니다.

내가 살아가는 힘이자 동력인 사랑하는 딸 윤아와 아들 동준이. 엄하고 강한 엄마에게 영어를 배우느라 고생한 덕분에 영어보다 수학을 좋아하게 된 아들과 딸을 사랑합니다. 덕분에 지금의 화상영어 독서 프로그램을 만들 수 있었습니다. 힘들었을 텐데 아이들이 지금까지 4년간 다정하고 친절한 필리핀 선생님들과 영어책 읽으며 재미있다고 얘기해주고 꾸준히 공부해주어 고맙습니다.

또한, 책을 쓰리라고는 생각해보지도 못한 제게 용기를 넣어주시고, 주제 선정부터 마지막 탈고까지 세심하게 이끌어주신 〈한국책쓰기강사협회〉 김태광 대표님과 〈위닝북스〉 권동희 대표님께 감사드립니다. 두 분이 아니었다면 저의 26년 노하우가 세상에 도움이 될 기회를 얻지 못했을 겁니다.

내 아이는 나와는 다르게 살기를 바라는 마음에서 시작했던 엄마표 영어, 저는 성공적이지 못했던 저의 엄마표 영어를 극복하기 위해 고군분투하며 영어책 읽기에 매달려왔습니다. 이러한 저의 경험이 영어책 읽기를 시작하려는 부모님과 선생님들에게 도움이 되기를 바랍니다.

목 차

2장 느리지만 가장 빠른 길, 영어책 읽기

3장 우리 아이에게 맞는 최적의 영어교육 방식 찾는 법

4장 영어실력 올리는 화상 영어 독서법

5장 내 아이를 가르치려 찾아낸 최고의 영어 공부법

1장

아이 영어,
도대체 어떻게
시작해야 할까?

ENGLISH

아이가
영어를 잘한다는 게
뭘까?

'영어를 잘한다는 건 뭘까? 학교 시험에서 좋은 성적이 나오면 되는 걸까? 아니면 시험은 좀 못 봐도 외국 사람들과 어려움 없이 대화를 할 수 있으면 잘하는 걸까? 아니면 둘 다 잘해야 할까?' 네 살이 된 딸 윤아에게 본격적으로 영어를 가르쳐야겠다고 생각할 즈음 나 자신에게 물었다. 내 아이가 '영어를 잘한다'고 말할 수 있는 기준을 세워야 했다.

외국인과 한국인을 대상으로 실험이 진행되었다. 60대 남자의 영어 연설을 들려주고 이 사람의 영어 실력을 평가해보라는 실험이었다. 그 연설을 들은 한국 사람들은 '촌스럽다, 딱딱하다, TV에 나올 만한 수준은 아닌 것 같다'는 평가와 함께 40점이라는 점수를 주었다. 이번에는 외국인에게 평가를 물었다. 같은 동영상을 본 외국인들은 그 연설자가 아주 높은 수준의 단어를 사용하였으며 의사전달이 매우 좋다는 평가를 내렸다. 외국인들이 준 점수는 90점으로 한국인의 평가와 현저히 달랐다.

영상 속의 연설은 반기문 전 UN 사무총장의 총장직 수락 연설이었다. EBS 〈언어발달의 수수께끼〉라는 프로그램에서 진행한 실험이었다.

잘하는 영어에 대한 한국인의 인식은 보고 듣기에 유창한가 아닌가를 1차적인 것으로 판단하는 경우가 많다. 발음이 좋으면 잘하는 것이고, 발음이 좀 좋지 않으면 못한다고 인식한다. 내가 가르친 아이 중에는 혀가 짧아 영어 발음이 잘 안 된다며 설소대 절단 수술을 한 친구가 두 명이나 있었다. 영어 발음에 대한 집착을 느낄 수 있는 예이다.

우리는 왜 이렇게 발음에 집착하는가? 발음이 좋으면 영어를 잘하는 것인가? 언어천재 작가 조승연은 그의 저서 『플루언트』에서 한국 사람들이 영어의 발음에 집착하게 된 이유를 이렇게 설명하고 있다.

"2차 세계대전 때 일본이 미국의 적국이 되면서 일본에 대한 혐오를 조장하기 위해 아시아인의 짧은 다리, 찢어진 눈, 툭 튀어나온 광대뼈 등 신체특징과 아시아인의 언어특징을 중요한 놀림의 대상으로 만들었다.

실제로 1960~1970년대 미국의 기성세대와 같은 학교에서 공부하거나 일을 해야 했던 아시아인들은 r/l 발음, th/d 발음을 구분하지 못한다는 이유로 미국인에게 엄청난 차별을 받았고, 그 상처가 너무 커서 다음 세대를 위한 영어교육을 디자인할 때 아예 어릴 때부터 그 흔적을 지워야 한다는 집념으로 이어졌다.…우리가 발음에 집착하는 현상은 아마 1950~1960년대 미국에서 유학하고 온 1세대 유학생들의 경험이 토대가 되지 않았나 싶다."

아시아인을 무시하던 미국의 당시 사회적 분위기, 그 속에서 공부해야 했던 우리나라 사람들은 자신이 받은 설움을 다음 세대에는 겪게 하고 싶지 않았을 것이다. 언어의 본질이 타인과의 의사소통임을 되새긴다면 내 아이의 영어교육 목표는 발음보다도 아이가 자신의 의견을 얼마나 잘 전달하는가에 있어야 한다고 생각했다.

KBS 스페셜 다큐멘터리 『당신이 영어를 못하는 진짜 이유』에서 핀란드를 방문해 일반 시민의 영어 실력을 인터뷰 형식으로 촬영한 적이 있다. 핀란드 사람들이 영어를 잘하는 것에 대해 우리나라 TV 프로그램에서 자주 언급되는 이유는 핀란드어가 영어권 사람들에게는 배우기 어려운 언어에 속하기 때문이다.

미국 정부의 언어연수기관인 FSI(Foreign Service Institute)에서는 영어 사용자가 배우기 어려운 언어의 순위를 발표했는데, 핀란드어는 그중

4단계에 해당한다. 한국어는 가장 높은 난이도인 5단계에 위치하고 있다. 이는 반대로 생각해보면 우리나라나 핀란드인에게는 영어가 그만큼 배우기 어려운 언어임을 의미하기도 한다.

연세대학교 영어코퍼스연구소에서는 해당 다큐멘터리의 핀란드 시민 인터뷰 영상을 분석한 자료를 공개했다. 분석자료에는 인터뷰에 응했던 핀란드인의 93%가 사용한 영어단어가 2,000개 미만이라는 결과를 보여주고 있다. 영어단어 2,000개는 우리나라 중학생의 어휘 수준에 지나지 않는다. 핀란드의 성인은 우리나라 중학생 수준의 어휘 실력만으로 자유롭게 의사소통을 할 수 있다는 것이 놀라웠다.

미국에는 정부가 직접 설립한 방송국, VOA(Voice Of America)가 있다. 이 방송국은 전 세계로 송출되는 일종의 대외홍보 방송국이다. VOA에서 제작되는 모든 방송은 꼭 지켜야 하는 규칙이 있다. 제작되는 모든 프로그램은 1,500단어 미만이어야 하고, 문장은 짧아야 한다는 것이다. VOA 홈페이지를 방문하면 그 1,500개의 단어가 실린 사전을 무료로 내려받을 수 있다. VOA의 홈페이지에는 수십만 개의 다양한 콘텐츠가 있는데, 뉴스와 각종 기사, 보도 영상까지도 모두 이 기본 어휘만을 사용해서 제작된다. 또한 전 세계의 영어학습자를 위해 동일한 내용의 기사를 수준별로 제작하기도 한다. 이런 VOA의 규칙은 영어에 익숙하지 않은

나라들도 VOA가 송출하는 방송의 내용을 이해하기 쉽도록 정해진 정책
이다.

프랑스인 장폴 네리에르는 미국 방송국 VOA와 같이 쉬운 영어로 의사
소통을 해야 한다고 제안한다. 다국적 기업 IBM의 부사장으로 세계 각
지에서 근무한 그는 세계 여러 나라에서 영어를 사용해 일하며 겪었던
경험을 바탕으로 저서 『글로비쉬로 말하자』를 썼다. 영어는 더 이상 영
국 사람이나 미국 사람만의 언어가 아닌 '세계어'이므로, 모든 국적의 사
람들이 이해할 수 있는 쉬운 영어단어만으로 대화하자는 제안을 하고 있
다.

언어천재 작가 조승연 씨도 아이들을 위해 쓴 책 『조승연의 영어공부
기술』에서 이와 맥락을 같이 하는 말을 하고 있다. 그는 일곱 개 이상의
언어를 사용하는 언어천재로 알려져 있는데, 그가 주장하는 영어는 쉬운
기본 단어를 사용하는 짧게 말하는 영어이다. 영어는 학문이 아닌 언어
이므로 전 세계 어디에서나 의사소통이 가능한 글로벌 영어를 배우라 제
안한다.

이러한 연구 결과와 사례들을 바탕으로 나는 기본적인 필수 단어만으
로도 자신의 생각을 자유롭게 나눌 수 있는 수준의 말하기 실력, 그것을
잘하는 영어의 기준으로 삼기로 했다. 물론 대학에서 물리학을 영어로

강의해야 하는 사람이라면 더 수준 높은 영어를 구사해야 한다. 하지만 한국에서 살아갈 내 아이는 논문에 나오는 전문 용어를 유창히 말하며 발표할 정도의 수준은 아니어도 좋다. 2,000단어만 알더라도 자신의 생각을 어려움 없이 표현할 수 있는 정도면 "우리 아이 영어 잘합니다!"라고 자랑하고 다닐 것이다. 이 정도의 영어 수준이 확보되어 있다면, 직업적인 이유로 더 높은 영어 실력이 필요한 경우라도 아이의 노력으로 원하는 수준까지 올라갈 수 있다고 생각한다.

내가 가르쳤던 아이 중 의사가 되고 싶어 하는 여중생 Y와 S가 있었다. Y의 아버지는 의사였고, Y도 아버지처럼 의사가 되고 싶어 했다. Y는 국제학교 출신으로 학교 수행평가의 에세이도 A4 여러 장을 뚝딱 작성해 제출하고, 외국인 선생님과 의사소통도 자유로웠다. 하지만 시험에서 문법 문제를 꼭 하나씩 틀렸다. Y는 자신은 영어를 잘하는데 한국식 시험영어를 다시 공부해야 한다고 억울해하며 많이 울었다.

S는 남양주시 외곽에서 피아노 학원을 운영하는 홀어머니와 언니, 조부모님과 함께 살았다. S는 어릴 때 심장 수술을 했다. 그래서 자신과 같은 아이들을 돕고 싶은 마음에 S의 장래희망은 심장외과의였다. S는 가정 형편상 별도의 사교육을 전혀 받지 않고 혼자 공부했었다. 그러다 보니 나와 영어공부를 할 때 어색한 한국식 영어 발음에, 쓰기도 번역기를

사용한 어색한 문장이 즐비했다. 하지만 S는 대부분 과목에서 만점을 받았다.

　고등 입시가 다가오자 Y는 살고 있던 강남이 아닌 아버지의 병원이 있는 포천으로 이사를 하고, 포천의 고등학교로 진학했다. 고등입학 후 전교 1등을 놓치지 않았다. 나중에 듣기로 Y가 질문한 수학 문제에 학교 선생님이 대답하지 못했다고 들었다.

　S는 건강문제로 반대하는 어머니를 설득해 집에서 멀리 떨어진 기숙사 고등학교로 진학했다. S가 진학한 학교는 경기도의 명문 고등학교로 학생 전원이 기숙사 생활을 하는데, 전교생의 대부분이 중학교 내신 성적 만점인 아이들로 구성되어 있다. 그만큼 고등 3년간 치열한 경쟁을 벌여야 하는 환경이다. S는 자신의 3년을 후회하지 않도록 기숙사에서 열심히 해보겠다고 어머니를 설득했었다.

　나는 이 두 아이를 보며 영어를 잘한다는 것이 과연 무엇일까 많은 생각을 했다. 나는 두 아이 모두 의대에 갈 수 있으리라 확신한다. Y는 영어를 잘하는 의사 선생님이 될 것이고, S는 아이들의 심장을 낫게 해주는 훌륭한 의사 선생님이 될 것이다. 이 두 아이 중 누가 더 영어를 잘한다고 말할 수 있는가? 각자의 진로와 목표에 따라 '잘하는 영어'의 수준은 달라질 것이다.

영어에서 내가 내 아이에게 바란 것은 딱 두 가지이다. 초등학교를 졸업하기 전 2,000단어 수준에서 자신의 생각을 표현하는 데에 어려움이 없는 말하기 수준, 미국 초등학교 3학년 수준의 글을 소화해 낼 수 있는 읽기 실력. 이것을 기반으로 자신의 노력에 따라 실력향상은 얼마든지 가능하다. 영어를 목적지로 계획 없이 달리기보다 아이의 비전과 목표를 바탕으로 현명하게 공부하기 바란다.

02

내 아이는
나와 같지 않기를
바랐다

어느 날 이런 생각이 떠올랐다.

'나는 대학 4년간 하루도 빼먹지 않고 종로의 파고다 학원, YBM 어학원 등 유명하다는 학원은 다 다녔다. 그런데 왜 영어를 잘하지 못할까?'

그것이 너무도 궁금했다. 중·고등학교 때 학교 수업시간에 한 영어 공부는 그렇다고 치자. '영어회화'를 4년간 공부했는데 나는 여전히 영어로 말하는 것이 익숙하지 않았다. 4년간 공부해도 유창해지지 않는 것으로 미루어보아 결론은 둘 중 하나였다. 내가 영어에 소질이 없거나 공부하는 방법이 잘못되었거나. 영어 공부는 학원이 아닌 다른 방법으로 해야 하는 것은 아닐까 하는 느낌을 어렴풋이 가졌다. 다른 사람을 가르치는 것이 가장 정확한 공부법이라 했으니 영어를 가르치는 일을 하며 내 실력도 높여보면 어떨까? 라고 생각하면서.

나는 친구가 먼저 다니고 있던 교육회사에서 방문교사로 근무하기 시작했다. 신입사원들은 캐나다 한 달 연수 기회가 주어져 더욱 좋았다. 회사는 당시 영어교육 바람을 타고 급속도로 성장했다. 회사가 성장세를 몰아 해외 지사를 설립할 때, 나는 중국지사에 면접을 볼 기회가 있었다. 면접관이었던 이사님은 영어경제신문의 칼럼으로 잔뜩 채워진 A4 한 장을 내게 주시며 큰 소리로 읽어보고 생각을 말해보라 했다. 머릿속이 하얘졌다. 나는 부족한 영어실력으로 그렇게 중국행 비행기를 놓쳤다. 면접장을 나오며 나에 대한 자책감과 함께 화가 올라왔다.

'내 아이에게는 이런 경험을 하게 하고 싶지 않다.'

나는 억울했다. 중·고등학교 6년간 배운 학교영어, 대학 4년간 빼먹지 않고 다닌 어학원, 그렇게 공부한 결과가 내 인생에서의 소중한 기회를 잡아주지 못했다.

내가 해 온 공부로는 나의 아이도 나와 같은 경험을 할 것이 불 보듯 뻔했다. 나의 아이는 다른 방식으로 가르쳐야겠다고 생각했다. 그것은 어떤 방식이어야 할까? 그날 이후 나는 내 아이를 가르치는 데 최고의 방법을 찾기 위한 실험을 한다고 생각하며 아이들을 가르쳤다. 앞으로 내가 만나게 될 아이들이 영어 때문에 소중한 기회를 잃게 되는 일이 없도록 방법을 찾고 싶었다.

나는 몇 년 뒤 교사에서 관리자로 승진했다. 교사에서 승진한 관리자 대부분은 아이들을 가르치며 돌아다니는 것에 지쳐 있었다. 그래서 선생님들이 수업을 나가고 난 조용한 사무실에 앉아서 전화로 업무 보는 것을 더 좋아했다. 하지만 나는 아이들을 가르칠 최고의 방법을 찾기 위한 실험을 하는 중이었기 때문에 더 많은 수업을 보고 싶었다. 서울의 한남동, 이태원, 명동, 용산, 중계동, 목동 등의 지국장으로 일하며 다양한 아이와 학부모님을 만났다. 그렇게 몇 년이 흐르고 보니 서울 전역에 내가 가르친 회원이 2,000명이 넘었다.

이제 내 실험의 수준을 조금 높일 필요가 있었다. 외국 사람들은 자신의 아이들을 어떻게 가르칠까, 궁금해졌다. 29세 되던 해, 나는 회사에 사표를 내고 캐나다로 떠났다.

퇴직금을 모아 학비를 내고, 비행기 티켓을 사고 나니 수중에 남은 돈은 20만 원 정도였다. 무슨 자신감이었는지 20만 원을 들고 영어 공부법 하나 찾겠다고 먼 길을 떠난 것이다. 지금 생각해보면 어디서 그런 용기가 났는지 모르겠다.

캐나다의 초등학교에서 영어를 모국어로 사용하는 사람들이 자신의 아이들을 어떻게 가르치는지를 직접 보았다. 그 핵심에 '책'이 있었다. 책이라는 힌트를 얻고 한국으로 돌아왔다.

한국에 돌아온 후 영어를 가르칠 때 책과 함께 지도했다. 내가 가르치는 학원의 아이들은 영어를 좋아하고, 재미있어하면서 실력이 쑥쑥 올랐다. 영어책 읽기 프로그램을 본격적으로 시작하며 그 전에는 하늘처럼 높아 보이던 해리포터를 읽는 아이들도 생기고, 중학생이 되어도 읽지 못했던 영어소설을 초등 3-4학년 아이들이 읽기 시작했다. 요즘은 7세에 챕터북을 읽는 친구들도 많아졌다.

결혼하고 내 아이가 생기면서 나는 나의 반쪽짜리 영어를 대물림하지 않기 위해 애썼다. 큰 아이를 임신했을 때 태교를 영어책과 영어 강의로 했으며, 초등학교 2학년이 될 때까지 하루 한 시간 반씩 영어책과 한글책을 읽어주었다. 영어 선생님 엄마의 엄마표 영어가 시작되었다.

나는 모든 일을 정해진 시간 안에 빠르게, 정해진 분량을 정확히, 빠지지 않고 규칙적으로 해야 하는 편이다. 딸아이는 나와 정반대의 성격이다. 딸아이에게는 정해진 시간이란 것이 없다. 신발 끈을 묶어야 하면 30분이 지나도 스스로 묶어야 했다. 어린이집에 가야 하는데 현관 앞에서 그렇게 신발 끈을 묶고 있으면 속에서 열불이 났다. 미술 수업을 가면 수업이 다 끝나도 아랑곳하지 않고 자신의 할 것을 다 마쳐야만 나왔다. 자신만의 시간과 원칙이 있었다. 지금 생각해보면 엄마인 내가 좀 더 나를 바꾸어 넓은 시각으로 품어주었어야 했는데 그렇지 못했다. 둘째인 아들은 아주 예민한 성격인데 나의 강한 성격이 아이를 주눅 들게 했다.

이렇게 아이들과 다른 성격으로 선생님처럼 가르쳤던 나의 엄마표 영어는 말 그대로 폭망이었다. 내가 가르치는 학원의 아이들과 내 아이를 대하는 나의 마음이 달랐다. 내 아이는 잘해야 한다는 생각이 나를 지배했었다. 원장님의 딸, 내 아이는 월등히 잘해야 한다는 생각에 진짜 내 아이를 보지 못했다. 내가 아들과 딸을 열심히 가르치려 노력할수록 아이들과 나의 관계는 점점 나빠졌다.

도저히 안 되겠다 싶을 무렵, 나는 나 대신 내 아이들을 가르쳐줄 선생님의 필요성을 느꼈고, 그 과정에서 탄생한 것이 화상영어 독서 프로그램 〈리딩365〉이다. 내가 가르치는 독서 수업과 동일한 프로그램, 동일한 수업방식으로 필리핀의 교사들을 교육했다. 필리핀의 선생님들은 영어도 잘하며, 나보다 친절해 아이들이 지금까지 즐겁게 영어독서를 지속

해올 수 있었다. 나의 엄마표 영어는 실패했지만, '선생님 엄마표 영어'는 성공이었다. 고등학생이 된 딸과 중학생인 아들은 지금까지도 화상영어 독서 프로그램으로 공부하고 있다.

그동안 내게 많은 사람들이 나의 경험을 책으로 한 번 써볼 것을 권유했다. 나는 실패한 엄마표 영어의 이야기를 누가 듣고 싶어 할까 하는 생각에 책을 쓸 엄두를 내지 못했다. 그러다가 우연한 기회에 〈한국책쓰기강사양성협회〉의 김태광 대표님을 만나게 되었다. 김태광 대표님은 책쓰기 분야의 특허를 가지고 있었고, 나의 이러한 경험이 많은 부모님들과 필요한 사람들에게 도움이 될 것이라고 용기를 주었다. 김태광 대표님은 다른 부모들은 나와 같지 않기를 바라는 마음으로 내가 이 책을 쓸 수 있도록 하나부터 열까지 모두 도와주었다. 이 지면을 빌려 김태광 대표님께 깊은 감사를 전한다.

내 아이는 나보다 행복했으면 좋겠다, 나의 상처를 아이에게 대물림하고 싶지 않다, 나는 부모에게 가난을 물려받았지만 내 아이는 풍요 속에 살게 하겠다 등 부모들은 다양한 동기로 자식들이 자신보다 나은 삶을 살게 하려고 노력해왔다. 먹고 살기 힘들었던 우리 부모님들은 다른 나라에서 찾을 수 없는 높은 교육열을 불살라 우리를 가르치셨다. 그 덕분에 우리나라가 지금 전 세계의 주목을 받는 위치가 되지 않았나 싶다.

내 아이가 살 세상은 지금의 내 생각으로는 상상할 수 없는 다이내믹한 곳일 것이다. 지금까지 내가 해왔던 방식으로 가르친다면 잘 되어봐야 내 수준이 아닐까 항상 생각했다. 모두에게 있는 그러한 아쉬운 경험, 그것을 발판 삼아 내 아이에게 나의 최선을 다할 뿐이다. 그리고 우리의 최선은 시간의 흐름을 따라 결국 발전에 발전을 거듭하며 성장해갈 것이다.

- 03 -

아이 영어,
어떻게
시작해야 할까?

내 아이가 수학 공부를 시작해야 했을 때가 기억이 난다. 나는 영어만 가르쳤지 수학은 전혀 알지 못해 생각나는 것이라곤 고등학생 때 매일 풀었던 '수학의 정석'밖에 없었다. 일단 수학 교육에 관한 책을 몇 권 사서 읽어보았다. 어렵게 써놓은 책이 당최 머리에 들어오지 않았다. 나는 인터넷을 뒤져 좋은 프로그램을 찾기 시작했다. 하지만 막상 어느 것이 좋은 것인지 구분할 수 있는 기초적인 정보도 없어 모두 다 좋아 보였고, 옳은 말 같았다. 어디서부터 시작해야 할지 막막해 우왕좌왕했던 기억이 난다.

영어를 처음 시작하려는 부모님들도 예전의 이런 나의 모습과 비슷하지 않을까 싶다. 서점마다 성공한 엄마표의 비법을 실은 책들이 한가득이다. 인터넷에는 엄마표로 실패한 친구들의 사례도 심심치 않게 볼 수 있어 불안한 마음도 한가득이다. 이쯤이면 가장 안전하다고 생각하는 방법으로 돌아선다. 동네에서 영어를 잘하는 아이를 수소문해 그 아이가 영어 공부하는 방법을 알아내 그대로 하거나, 그 아이가 다니는 학원에 보내거나, 그 아이를 가르치는 선생님을 소개받는다. 그 아이의 공부법과 학원, 선생님이 내 아이와 맞으면 정말 다행이지만, 그렇지 않을 경우 시간과 돈을 낭비하게 되고 원점으로 돌아오게 된다.

나는 내가 아이들과 처음 만나며 어떻게 영어의 첫발을 떼는지 말하려 한다. 영어를 처음 시작할 때 어떻게 해야 할지 고민하는 부모님, 학생, 교사에게 도움이 되길 바란다. 1,000명이 넘는 학부모님들이 내게 자신의 아이를 데려와 이야기를 나눴다. 그 아이들을 맡게 된 내가 어디서부터 어떻게 무엇을 가르치기 시작하는지를 공유하고자 한다. 집에서도 동일하게 자녀를 지도할 수 있을 것이다.

영어는 개인차가 매우 심한 영역이다. 초등학교 1학년의 영어 수준은 알파벳도 모르는 친구들부터 해리포터를 읽는 친구들까지 스펙트럼이 너무도 넓다. 이 장의 주제가 '영어를 어떻게 시작할까'이니 영어 경험이 많은 경우는 제외하기로 한다.

1. 미취학 시기에 처음 시작하는 영어

내가 가르쳤던 가장 어린아이는 생후 18개월 아기였다. 그 아이는 혼자 앉아 있지 못해 엄마가 양반다리를 하고 아기를 앞쪽으로 안고 수업을 했다. 나는 아이 앞에서 노래를 부르고 춤을 추었다. 내가 노래를 할 땐 어머니도 함께 불러 아이가 엄마의 울림을 느낄 수 있도록 했고, 내가 춤을 출 땐 어머니도 아이를 안고 셋이 함께 춤을 추었다. 춤과 노래에 이어 책도 읽어주었다. 나와의 수업이 없는 날은 부모님이 집에서 책을 읽어주고, 춤추며 노래를 듣도록 했다.

18개월은 이례적으로 어린 편이지만 보통 3~4세까지의 아이들도 공부하는 방식은 크게 다르지 않다. 말로 하는 공부보다는 몸으로 익히고, 오감을 동원하는 공부를 해주어야 한다. 예를 들어 사과를 공부하면 사과를 준비해 만져보고, 맛보고, 냄새도 맡아보는 등 오감을 동원해 관찰하며 공부한다.

〈리딩365〉의 영어책 읽기 방법으로 운영하는 안산의 영재센터가 있었다. 주로 4~5세 아이들이 일주일에 1~2번 영어책 읽기 수업을 했다. 아이들은 공부한 책을 집에 가져가 자기만의 보물 가방에 넣어 매일 들고 다니며 하루에도 여러 번 꺼내 읽었다고 한다. 다음 수업시간에 올 때는 모든 페이지를 외우는 아이들도 있었다.

취학 전 아이들의 부모님에게는 영어를 가르친다기보다는 많이 읽어주고 들려주라는 당부를 꼭 하고 싶다. 또한 아이에게 읽어준 영어책보다 더 많은 양의 한글책을 읽어주기 바란다. 물론 목이 아프고 힘들겠지만, 엄마, 아빠, 가능하다면 할머니까지 동원해서 분담하여 읽어주기 바란다. 생후 18개월은 뇌의 언어영역이 풍성하게 싹을 틔우는 시기이고, 이 발달은 풍부한 환경에 좌우된다. 여기서 말하는 풍부한 환경이란 그저 눈에 보이는 환경이 아닌 상호작용이 있는 환경을 말한다.[1)

내 아이가 평생 사용할 뇌 속에 길을 깔아주는 시기라 생각하고 많이 읽어주자. 이 시기에 듣기 경험, 영어 노출이 풍부한 아이들은 취학 후 본격적인 영어 학습을 시작할 때 속도가 두세 배 빠르다. 이 시기 추천하고 싶은 책은 노래 부르는 영어(노부영)와 DVD 스콜라스틱 스토리북 100으로 책과 영상, 노래를 함께 하기가 좋다.

2. 초등 저학년 때 처음 시작하는 영어

이 카테고리의 학부모님은 대부분 아이가 영어 경험이 하나도 없다고 말한다. 하지만 우리나라의 유치원과 어린이집에서 기본적인 최소한의 영어 노출을 해주고 있다. 알파벳을 정확히는 몰라도 노래를 흥얼거리며 들어본 적은 있고, 헬로, 땡큐 정도의 기본을 알고 있다. 늦었다고 걱정하지 않아도 된다.

알파벳을 알고 파닉스를 익히면 읽기가 훨씬 빨라질 수 있어 나는 이 아이들에게 알파벳과 파닉스를 가르친다. 이때 중요한 것은 파닉스만 공부하는 것이 아니라 영어책 읽기와 영상 노출을 병행해야 한다는 것이다.

영어책은 집중듣기 방식으로 하루 5~20권 정도의 책을 듣도록 한다. 집중듣기는 책의 음원을 들으며 소리와 문자를 맞추어 듣는 것을 말한다. 파닉스 단계의 책은 문장이 매우 짧고, 얇아 책 한 권을 읽는 데 1분이 채 걸리지 않는다. 글자를 놓치기 쉬우므로 붓이나, 자, 손가락 포인터 등을 이용해주면 좀 더 효과 있게 할 수 있다.

영상은 간단하고 쉬운 것으로 시작하며 챕터북을 읽을 수 있는 시기까지는 하루 30분 이상 진행한다. 챕터북을 읽기 전까지 집중듣기와 영상은 '다다익선'이다. 많이 읽고, 많이 듣고, 많이 본 아이들의 실력은 레벨을 훌쩍훌쩍 뛰어 넘어가며 오르는 경우가 많았다.

파닉스가 끝나면 하루 한 권 정독, 5~10권 집중듣기, 30분 이상의 영상노출을 유지한다. 가능한 많은 책과 영상을 소리 내어 말하는 습관을 들인다. 이 시기 역시 한글책 읽기도 놓치지 않고 병행해야 한다.

3. 초등 고학년 때 영어를 접하는 경우

이 시기는 초등 교과과정에 사회·과학이 추가되는 시기로 아이들이 바빠지기 시작한다. 해야 할 것이 많아 저학년에 비해 영어에 투자할 수 있는 물리적인 시간이 줄어든다. 영어를 일찍 시작한 친구들과 비교해 갈 길이 멀게 느껴져 힘이 빠질 수도 있지만, 아이의 흥미와 노력에 따라 짧은 시간 안에 실력향상이 가능한 장점이 있다. 또 한글 독서가 충분히 이뤄져왔다면 실력이 빠르게 오를 수 있다.

초등 4학년 L은 3학년 때 학교에서 공부한 영어 외 별도의 영어 공부를 한 적이 없었다. 처음 상담을 할 때 L의 어머니는 아이가 하고 싶어 할 때 학원을 보낼 계획이었고, 최근 아이가 영어 공부가 하고 싶다고 말해 본격적으로 해보려고 한다고 했다.

L은 한글책 읽기가 탄탄해 이해력이 높았고, 수업 태도가 아주 좋았다. L은 파닉스를 시작한 지 일주일 만에 규칙을 모두 이해해 규칙을 따르지 않는 단어를 제외하고 대부분 잘 읽어낼 수 있었다. 함께 진행한 집중듣

기도 독서가 습관화되어 있어 하루 수십 권의 책을 읽어냈다. L은 영어를 읽을 수 있는 자신이 스스로도 신기한지 영어책을 즐겁게 읽었다. 그 결과 레벨을 두세 단계씩 건너뛰며 올라갈 수 있었다.

이렇게 레벨이 빠르게 올라가는 아이들의 경우 내가 '치즈현상'이라고 이름 붙인 모습이 보일 수 있다. '치즈현상'이란 치즈의 사이사이에 난 구멍처럼 영어 실력에 빈 곳이 있다는 의미이다. 이 아이들은 사다리를 타고 가듯 레벨이 빠르게 올라가므로 수평적인 독서에 시간을 들이면 치즈의 구멍들을 메울 수 있다.

이 시기 역시 하루 한 권 정독은 반드시 지키며 두세 번 소리 내어 읽도록 지도한다. 집중듣기는 책의 분량에 따라 30분 이상, 영상노출 또한 챕터북을 읽기 전까지 30분 이상 유지한다. 한글책은 생각하며 읽고 쓸 수 있도록 논술을 본격적으로 지도하는 것이 좋다.

나는 내 아이가 초등학교를 졸업하기 전까지 챕터북과 영어 소설을 어려움 없이 읽는 것을 목표로 삼았다. 어려운 단어를 구사하며 유창하지는 않더라도 자신의 의견을 어렵지 않게 말할 수 있는 수준이면 충분하다고 여긴다. 그 정도의 토대를 닦아주면 그 이후의 공부는 자신의 노력 여하에 따라 더 빠르고 깊이 있게 키워갈 수 있다.

특별한 비법이 있어서 100일 만에 영어가 완성되거나, 어느 날 갑자기 입이 트이는 마술 같은 방법은 없었다. 영어를 공부하는 목표가 시험이라면 시험을 준비해야 하고, 해외 유학이 목표라면 전문분야를 이해할 수 있는 수준의 실력으로 준비를 해야 한다. 아이의 영어목표가 성인이 되어서도 일상에서의 자유로운 의사소통이라면 길게 보고 차근차근 실력을 쌓아가면 된다.

영어를 잘하는 모든 이가 말한다. 많이 듣고, 많이 읽고, 많이 말하라. 매일 꾸준히 듣고, 읽고, 소리 내면 원하는 목표에 자연스레 도달할 것이다.

04

내 아이가
영어를 못하는
진짜 이유

　나는 늦깎이로 고려대에서 한성렬 교수님께 심리학을 배웠던 적이 있다. 교수님은 수업시간에 재미있는 얘기를 해주시겠다며 미국 유학 시절 이야기를 들려주셨다. 교수님이 미국에서 공부하던 시절 미국인 친구들과 만나 맥주라도 한잔하다 보면 친구들이 하는 영어가 그렇게 안 들렸다고 한다. 그럴 때면 술 먹는 도중 냅킨을 내밀며 항상 이렇게 얘기했다 한다.

　"야, 여기다 써봐."

　술집의 냅킨 위에 친구가 좀 전에 한 말을 써주면 그제야 이해하고 대화를 이어나갈 수 있었다고 한다. 그러면 친구들은 "너는 논문을 쓰는 녀석이 말을 못 알아듣느냐?"며 놀렸다고 한다. 교수님은 그때를 떠올리며 "지금도 읽기는 하겠는데 들리지가 않아." 하면서 재미있었다고 말씀하시곤 하셨다.

교수님은 미국 시카고 대학의 석박사 학위가 있다. 그 말은 석박사 학위 논문을 영어로 제출하여 통과했다는 의미이다. 당시 교수님의 이 말을 들으며 영어로 논문까지 쓸 수 있는 실력임에도 듣기가 안될 수도 있구나 하고 의아했었다.

권투선수 출신의 고등학교 자퇴생 신왕국 씨는 미국 명문 버클리대학에 합격하여 화제가 되었고, 현재는 한국에서 영어교육 사업을 하고 있다. 신왕국 씨는 미국 UC버클리 재학 시절, 읽기와 쓰기는 어느 정도 되지만 듣기와 말하기는 도저히 되지 않아 힘들어하는 한국인 유학생들을 가르쳤었다고 한다. 그때 올렸던 유튜브 영상이 사업의 시작이었다고 한다. 미국에 유학을 가 있는 학생에게조차 영어가 어려운 것이다.

중앙일보[2]에 「한인 명문대생 연구」라는 논문의 결과가 보도되었다. 이 논문은 콜롬비아대 교육심리학 사뮤엘 김 박사의 논문이다. 그는 자신의 논문에서 미국 명문대에 입학한 한인 학생의 중퇴율이 44%에 달한다고 말했다. 유대인 12.5%, 중국인 25%에 반해 매우 높은 수치임을 보여주고 있다. 해당 기사에서는 그 이유로 한인 학생의 영어 실력을 들며 이렇게 보도하고 있다.

"한국에서 고교 졸업 후 하버드·예일 등 미 명문대에 진학하는 학생들이 늘고 있다. 한국의 일부 고교에선 유학반까지 운영하고 있다. 미 명문대에 입학하면 성공을 보장받았다고 주변에서 확신하는 경우가 많다. 물론 잘하는 학생도 많다.

하지만 모두가 잘할 거로 생각하면 큰 오산이다. 미 학원가에서 10여 년간 한국 학생들을 상담해온 김미경(교육학) 박사는 25일 "미 명문대는 학업 부담이 크다."라며 "부족한 영어 실력에다 엄격한 학사 관리를 이기지 못해 중퇴하는 경우가 적지 않다."라고 밝혔다. 영어 실력이 뛰어나고, 미국 문화에 익숙한 한인 1.5세나 2세도 어려움을 겪는다. 동부 명문 W대생 임모 군은 "한국 부모의 강요로 주입식 공부에만 매달렸던 교민 자녀들은 대학 진학 후 헤매는 경우가 많다."라고 밝혔다."

2021년 우리나라 사교육 시장은 23조4천억 원의 크기이며, 사교육에서 영어가 차지하는 비율이 가장 높다. 이렇게 많은 돈을 투자하지만 왜 그만큼 잘하지는 못하는 걸까?

우리나라가 영어를 배우기 어려운 환경인 이유 중 하나는 영어와 정반대인 한글의 어순에 있다고들 이야기한다. 그렇다면 우리나라와 같은 우랄·타이어 어족에 속해있는 핀란드[3]를 비교해보면 많은 도움이 될 것 같다. KBS 스페셜 〈당신이 영어를 못하는 진짜 이유〉에는 촬영팀이 핀란드에 방문한 장면이 나온다. 핀란드 사람들의 영어 실력을 알아보기 위해 핀란드를 방문한 것이다. 방송에 나온 핀란드 시민들은 수도 헬싱키에 대해 영어로 소개를 해달라는 갑작스런 촬영팀의 질문에 유창하게 대답한다. 심지어 시장에서 버섯을 파는 할머니도 유창한 영어로 버섯의 조리법을 설명했다. 물론 문법의 오류는 있지만 서슴지 않고 답변하는 할머니의 모습이 인상적이었다.

핀란드는 어떻게 공교육만으로 국민의 70%가 영어를 자유롭게 사용하도록 할 수 있을까? 해당 다큐멘터리에 따르면 핀란드는 80년대 초까지 학교 영어교육에서 문법 번역식 수업을 진행했었다 한다. 핀란드 영어교육의 목표가 의사소통으로 바뀌면서 더 이상 문법 교육이나 시험을 보지 않는다고 한다. 아이들은 학교 수업시간에 선생님이 교실 화면에 보여주는 책을 듣고, 따라 말하고, 교실의 친구들과 연습을 하며 공부한다.

우리나라도 영어교육의 목표를 원활한 의사소통에 두고 수업의 대부분을 말하기와 연습에 할애한다면 자연스럽게 영어실력이 향상될 것이다. 하지만 우리나라는 중·고등학교 6년간의 학업이 모두 입시를 목표로 디자인되어 수능영어 1등급의 한 방향으로 달려가고 있다. 영어로 말은 하지 못해도 영어시험은 만점을 받는 공부가 잘 하는 영어로 평가되는 한 우리나라 학교의 수업방식은 변하지 않을 것이다.

사실 변화의 움직임은 이미 있었다. 2008년 영어교육계는 NEAT (National English Ability Test)의 도입으로 들썩거렸다. 정부에서는 대학 수학능력영어평가가 듣기와 읽기 중심의 문제풀이에 초점이 맞춰져 있어 우리나라 학생들의 영어표현 능력을 향상시킬 수 있는 학교 교육을 기대하기 어렵다고 판단하였다. 그에 따라 영어교육의 새로운 전환점이 되는 국가영어능력평가시험 안을 제시하였다.[4]

당시 기존의 문법 중심의 교육을 의사소통 중심으로, 말하기와 쓰기가 없는 반쪽짜리 영어교육을 4대 영역이 골고루 균형 잡힌 영어교육으로의 변화를 시도했다. 또한 사교육 의존이 심화되는 원인을 학생의 수준을 고려하지 않은 과도한 목표와 투자로 보고, 자신의 능력과 필요에 맞는 자기 주도적 학습습관을 만들 수 있도록 학교가 나서야 한다고 주장했다. 2015년 본격적인 시행이 예정되었던 이 정책은 교육과정 개편의 준비 부족과 현장 교원의 전문성 강화 등 여러 가지 문제로 약 400억 원의 예산만 낭비한 채 흐지부지 무산되고 말았다.[5]

하지만 이러한 시도가 진행되었다는 것은 나름의 의미가 있다고 본다. 가장 보수적이고 바뀌기 쉽지 않은 교육계에 이러한 변화의 흐름이 있었고, 국가적 차원에서 정책이 진행되었으니 구름이 자주 끼면 비가 오듯 우리의 영어교육도 핀란드처럼 변화할 때가 오리라 믿는다.

하지만 우리 엄마들은 그 시기가 올 때까지 두 손을 놓고 있을 수는 없다. 교과서에 나열된 어렵고 고상한 영어가 아니라 일상에서 사용되는 언어로서의 영어를 익히기에 영어책만큼 좋은 것이 없다. 영어권 사람들이 실제로 사용하는 언어표현이 가득한 영어책은 의사소통을 위한 영어를 배울 수 있는 최고의 교재다. 우리나라 공교육에 변화의 바람이 불기 전까지 집에서 영어책을 듣고, 큰 소리로 읽어보고, 공부한 것을 말해볼 기회를 갖도록 적극적인 영어 노출 환경을 주도록 노력해보자.

05

왜 모두들
엄마표를
하려는 걸까?

　서점에 가면 성공한 엄마표 영어의 사례가 잔뜩 실린 책들이 선반마다 가득하다. 선반에 세워져 있는 책 한 권 한 권이 엄친아의 고스펙 이력서처럼 보여 주눅이 든다. 나는 그렇게 하지 못할까 봐 겁이 나기도 하고 때론 아이에게 충분히 해주지 못한다는 죄책감마저 든다. 영어 선생님인 나조차 그런 생각이 들었으니 영알못 엄마들은 오죽했을까 싶다. 엄마는 용감하다고 했던가, 그런 공포에 가까운 감정을 느끼면서도 내 아이를 위해 엄마표를 선택하고 공부한다. 엄마들에게 그런 용기를 불러일으키는 것은 과연 무엇일까?

'달무지개'[6]라는 필명으로 인터넷에 글을 쓰는 작가 조민경 씨는 이렇게 말한다.

"영어 듣기는 고등학교에 가서도 나의 발목을 잡았다. 모의고사를 보면 듣기에서만 소나기가 내렸다 그 패턴은 수능에서도 재현이 되었고 선택할 수 있는 대학도 달라졌다. 그렇게 영어로 인생이 달라졌고 그 후에도 영어는 내가 선택할 수 있는 폭을 좁혔다. 그렇다고 영어에 매달리기에는 기회비용이 컸다. 나는 영어를 잘해야 할 필요가 없는 생활을 하게 되었지만, 나의 아이는 나처럼 영어로 인해 선택의 폭이 좁아지게 하고 싶지는 않았다."

좌충우돌 엄마표 영어[7]라는 블로그에 글을 올리는 블로거는 이렇게 말한다.

"20대 때 인도랑 티베트 배낭여행을 다녀온 적이 있는데 그때 절실하게 깨달은 것이 2가지 있다.

– 영어를 못해도 얼마든지 소통할 수 있구나.

– 영어를 잘하면 무궁무진한 소통의 기회가 생기는구나.

여행지에서 좋은 친구들을 많이 만났는데 영어를 못해서 원하는 만큼 소통하지 못한 아쉬움이 두고두고 한이 된다. 그 뒤 이를 악물고 공부했어야 했는데 한국에 오니… 영어를 굳이 왜 해?

　어쨌든 인생의 황금 같은 기회를 언어의 장벽 때문에 놓치게 하고 싶지 않았다. 더불어 우리 아이들이 살아갈 무대는 전 세계인의 소통이 필요한 시기가 될 것이니 분명 영어는 꿈의 사다리가 될 것인데….”

　나 또한 직장에서 해외근무의 기회를 영어 때문에 놓치고 나서 내 아이에게는 절대 이런 경험을 하게 하고 싶지 않다는 바람 하나로 지금까지 26년간 영어교육에 매달려왔다. 그 바람으로 영어책 읽기 수업을 디자인하고 원어민 선생님과 책을 읽고 대화하며 공부하는 〈리딩365〉프로그램도 운영하게 되었다.

　내 아이를 위하는 마음이 아니었다면 수많은 엄마표 영어의 성공적인 작가들도 탄생하지 않았을 것이다. 우리 아이에게는 내가 경험한 좌절과 실패를 주고 싶지 않은 마음, 최고의 것을 주고 싶은 마음이 엄마들에게 용기를 넣어주는 것이 아닐까 생각한다.

　나는 건강을 위해 마크로비오틱이란 요리를 배우고 있다. 마크로비오틱이란 음양의 조화를 강조하는 조리법으로 유기농 제철 채소를 주로 사용한다. 3개월 정도만 이 조리법대로 먹으면 쓸데없는 군살이 빠지고 몸이 가벼워지며 독소가 빠져나가는 느낌이 든다. 이 조리법은 유기농으로 재배된 식재료로 요리를 하며, 양념도 최대한 가공이 되지 않은 자연에 가까운 것을 사용하는데 시중에서 구하기가 어려워 미국이나 일본에서 구해야 하는 식재료도 있었다.

수강생들끼리 요즘 땅과 물이 오염이 심하기도 하고, 유기농이라고 해도 진짜 유기농인지 확인이 어려우니 농사를 직접 지어야 믿음이 가지 않겠느냐는 농담을 종종 했다.

그러고 보니 자식들 먹일 메주를 담그기 위해 시어머니는 콩을 직접 기르셨다. 김치를 담기 위해 고추도 직접 기르셨다. 이렇게 수강생들이 농사를 지어야겠다고 얘기하며 웃으면 선생님은 농사를 직접 지을 수 없으니 최대한 가공하지 않은 자연의 식재료를 잘 찾아서 섭취하자고 말했다.

엄마표 영어도 이와 같지 않을까? 내 아이의 영어교육을 위해 유기농 농사를 짓는 마음으로, 메주를 담그기 위해 콩을 기르는 마음으로 아이에게 영어를 가르치는 것과 같지 않을까. 하지만 초보 농사꾼이 농사를 짓기는 쉽지 않다. 그러나 농사짓는 실력은 점점 늘어날 것이다. 농부가 끊임없이 연구하고 노력하는 한 더 좋은 품질의 식재료를 생산해낼 수 있을 것이다.

영어 초보인 엄마도 아이를 가르치기 위해 용기가 필요할 것이다. 아이와 함께 배우며 커간다는 생각으로 꾸준히 노력하면 원하던 목적지에 도착할 것이다. 하지만 우리 엄마들은 육아 외에도 할 일이 정말 많다. 그리고 공부가 취미가 아닌 부모도 많다.

내가 가르쳤던 S의 엄마는 사업가로 한 달에 10억씩 벌었지만 아이는 못 가르치겠다고 했다. S의 아빠는 의대를 나왔으나 개원하지 않고 아내의 사업을 도왔다. 사장님인 아내가 바쁜 날은 S의 아빠가 넷째 늦둥이를 돌보기도 했는데, 유모차를 모는 것이 첫째의 공부를 가르치는 것보다 편하다고 했다.

엄마표 영어를 하다 보면 혼자 하기엔 힘들게 느껴지는 시점이 올 것이다. 그럴 땐 주변의 도움을 받는 것을 추천한다. 엄마표로 하기 힘든 말하기 부분과 쓰기 부분은 도움을 받는 것이 좋다. 『영어 공부 잘하는 아이는 이렇게 공부합니다』의 저자 김도연 선생님은 20가지 '엄마도움표 영어'를 제안하며 이렇게 말하고 있다.

"제가 했던 엄마표 영어, 학원 공부의 부족한 부분을 메우는 '엄마도움표 영어', 엄마가 못하는 부분만 동영상 강의나 과외로 갈음하는 또 다른 '엄마도움표 영어'입니다. … 엄마표 영어에 자신이 없다면 일부 외부의 도움을 받는 '엄마도움표 영어'로 아이의 영어를 성공시키세요. … 엄마가 아이에게 티칭의 손길이 아닌 코칭의 손길만 주어도 아이의 영어 실력은 안정적으로 향상됩니다."

나의 엄마표 영어의 경우 나는 잘 가르치는 선생님인 엄마였지 가득한 사랑으로 소통하지 못했다. 그것이 나의 엄마표 영어의 실패 원인임을 이제는 안다. 엄마표 영어의 핵심인 사랑과 관심으로 내 아이를 관찰하고 공부하면 아이에게 필요한 것, 더 좋은 방법이 필요한 때에 훤하게 보인다. 그때 아이에게 적절한 학원, 꼭 맞는 선생님 등 아이에게 필요한 것을 고를 수 있는 눈이 생긴다.

나는 내 아이에게 필요한 것은 강한 성격에 실력이 뛰어난 선생님 엄마가 아닌 친절하고 함께 책을 읽어줄 언니·누나 같은 선생님이었음을 알게 되었고, 이를 계기로 화상영어 독서 프로그램 〈리딩365〉을 만들었다.

엄마표 영어는 학원 선생님 대신 엄마가 가르친다는 말이 아니다. 엄마표 영어는 엄마의 사랑으로 함께 하는 영어라는 의미이다. 엄마의 사랑과 배려가 빠진 '엄마표 영어'는 그냥 '영어 공부'이다. 엄마의 사랑과 관심으로 끊임없이 아이와 소통하려는 노력의 영어가 엄마표 영어인 것이다.

김치를 담가 먹어도 좋고, 맛있는 곳에서 사다 먹어도 좋고, 이웃에서 얻어먹어도 좋다. 엄마가 직접 가르쳐도 좋고, 잘 가르치는 선생님께 지도를 받아도 좋고, 영어 품앗이를 해도 좋다. 엄마의 관심과 사랑이 있다면 모두 엄마표가 아니겠는가.

06

영어만 잘하면
다른 건 다
괜찮은 걸까?

영어만 잘하면 소원이 없겠다고 말하는 사람들이 많다. 내 아이가 영어만 잘하면 세상 부러울 것이 없을 것 같다고도 한다. 내가 캐나다에 있을 때 함께 살았던 언니는 아들을 데리고 조기유학을 왔었다. 그 언니는 영어에 한이 맺혀 아들 D만큼은 영어를 잘하게 해주고 싶다고 했다. D의 아빠는 부산에서 혼자 살며 매달 생활비를 송금했고, 언니는 학생비자로 캐나다에 머물며 D를 공립학교에 보내고 있었다. 지금은 어떠한지 모르겠으나 당시 캐나다는 부모가 학생비자로 머무는 경우 공립학교의 학비가 무료였다. 언니는 D의 영어를 위해, 미래를 위해 가족이 헤어져 있는 고통을 감내하고 있었다.

　화상영어 독서수업을 받는 친구 중 해외에서 7년간 있었던 친구 S가 있다. S는 7세 때 아버님의 직장으로 해외에 나가 현지에서 국제학교를 초등 6학년까지 다녔다. S는 성격이 활발하고 말하기를 워낙 좋아해 나는 S의 화상수업을 모니터링할 때면 얼마나 재미있게 말하는지 시간 가는 줄 모르고 보게 된다. 이렇게 영어가 자유로운 S의 어머니에게 심각한 고민이 생겼다.

　S의 가족은 코로나가 심해져 잠시 한국에 들어오게 되었다. 한국에 있는 동안 집 근처의 어학원에서 주니어 토플시험을 봤는데 성적이 너무 낮게 나왔다는 것이었다. 어머니가 시험지를 살펴보니 깊이 있는 이해력과 추론 문제에서 많이 틀렸다고 한다. 마치 한국말 잘하는 친구가 국어시험 성적이 낮은 것과 같았다. 현지에서 국제학교에 다니는 동안 시험다운 시험을 한 번도 본 적이 없고, 활발한 성격으로 학교에서 잘 지내는 모습에 마음을 푹 놓고 있던 어머님은 시험성적을 보고 깜짝 놀라게 되었다. 해외에 사는 7년 동안 독서를 많이 하지 못한 것을 원인으로 꼽았다.

　제주도에 있는 국제학교에 행정직에 근무하시는 어머니가 있었다. 그 어머니는 아들이 둘 있는데 큰 아이 J는 1학년 때 어머니가 근무하는 국제학교에 입학했고, 둘째 H는 유치원생이라 영어유치원을 다녔다. 국제학교를 3년간 다니다 온 J의 영어 실력은 두세 문장의 영어책을 느리게 읽어 같은 학년의 다른 아이들과 비교하면 매우 낮은 실력이었고, 어머니는 J가 국어와 영어, 두 언어 모두를 힘들어해 학교를 서울로 옮길 수밖에 없었다고 말했다.

동생 H는 책도 잘 읽고, 말하기도 잘하는 편이었다. 하루는 H와 『Amazing Place to Work』[8]라는 각기 다른 장소에서 일하는 여러 직업을 소개하는 책을 공부했다. 도서에는 miner(광부)라는 직업이 나오는데, H는 광산이 무엇인지 몰랐고, 광산에서 일하는 광부 또한 이해하지 못했다. 한글로 광산이 무엇인지 알고 있었다면 광부를 금방 이해했을 것이다. 어머님은 아이들이 국제학교에 다니니 영어는 당연히 잘할 것으로 생각했고, 학교 업무가 바빠 아이들이 학교와 유치원을 다니는 동안 한글책도 읽어주지 못했던 것을 후회하고 있다.

나는 많은 아이를 관찰하며 한글이건, 일본어건, 영어건 관계없이 어느 한 언어만이라도 깊이 있게 하는 독서가 뒷받쳐주면 다른 언어의 부족한 실력이 보충된다는 것을 알게 되었다. 영어가 편한 친구는 영어책을 깊이 있게 읽고, 생각하고, 대화하고, 글을 써보도록 조언한다. 아이가 한글을 편안해 한다면 미국에 있더라도 한글책도 깊이 있게 공부하기를 추천한다. 7개 국어 능통자 조승연 씨는 저서 『조승연의 영어공부 기술』에서 이렇게 말하고 있다.

"내가 미국으로 전학 온 다른 한국 아이들보다 영어를 빨리 잘 해낼 수 있었던 진짜 비결은 아기 때부터 어머니와 함께했던 국어공부였어.

우리 어머니는 저녁을 먹을 때마다 형과 나를 식탁 앞에 앉혀놓고 그날 있었던 일을 3분 동안 말해 보라고 하셨어.…또 어머니는 일기검사도 날마다 하셨어. 주제를 정해서 일기를 쓰면 어머니는 빨간 볼펜으로 틀린 글자와 문장을 표시해주셨지.…국어실력을 제대로 갖추면 외국어 실력을 기르기는 정말 쉬워.… 내가 겨우 한두 해 만에 프랑스 어, 아랍 어, 이탈리아 어를 할 수 있었던 것도 그 덕분이야."

저자 조승연 씨는 중학교 때 미국으로 유학을 갔다. 그는 한국에서 보았던 톨스토이, 셰익스피어와 같은 고전 작품들을 미국의 도서관에서 읽어 치우다시피 하며 공부했다고 한다. 아기 때부터 공부해온 한국어가 깊이 있는 영어공부를 하는 데에 큰 영향을 미쳤을 것이다.

해외에서 공부하고 돌아온 친구들은 자유로운 분위기에서 편하게 지내다 오는 경우가 많다. 그렇다 보니 영어는 유창하게 말할 수 있지만, 독서나 다른 공부가 받쳐주지 않아 학과목 실력이 낮은 경우도 많다. 게다가 부모님이 현지에서 일을 하고 있다면 아이의 공부를 매일 관리해준다는 것은 매우 어렵다.

미국 샌프란시스코에 있는 시댁 가족을 방문했을 때 한국이 너무 부럽다는 말을 들었다. 미국의 학교에서는 아이가 수업시간에 어려워하는 부분이 있으면 집에서 이 부분을 부모님이 가르치도록 가정통신문이 온다고 한다. 사업을 하느라 일이 늦게 끝나 집에 오면 아이들은 자고 있고, 낮 시간에는 칠순이 넘은 외할머니가 돌봐주시니 아이가 부족한 부분을 가르쳐주기가 너무 어렵다는 것이다. 아이들이 가서 배울 수 있는 학원이 있는 한국이 너무 부럽다는 말이었다.

영어를 배우기 위해 미국에 간다고 교육이 끝이 아니다. 전반적인 학업 실력을 높이기 위해서는 한국에서나 미국에서나 동일한 노력이 필요하다.

영어를 잘한다는 것은 분명 아주 좋은 스펙이다. 또 인생을 살아가는 데 매우 유용한 도구를 가지고 있는 셈이다. 전 세계 어디를 가도 사용이 가능한 무기를 가지고 있는 것이다. 운동화 하나를 팔더라도 한국에서만 파는 것보다 아마존에서 팔면 고객의 수가 수백 배로 늘어난다. 그러나 영어'만' 잘한다는 것은 이력서의 단 한 줄을 채우는 것에 지나지 않는다.

거꾸로 영어'만' 못하는 경우도 살펴보자.

나의 남동생은 정부 기관의 환경 분야 연구원으로 일 년의 절반 이상을 유럽으로 출장을 다녔다. 한국의 기술 시스템을 해외에 소개하며, 해외 국가에 지원하고 판매도 하는 일을 했었다. 때로는 한국의 장관들과 동행해 계약을 성사시키기도 했다.

그 정부 기관에는 해외 유학파 박사들이 파트타임이라도 구하기 위해 지원할 정도로 우수한 인재가 많다. 반면 내 남동생은 해외연수의 경험도 없고 어릴 때 어학원을 다니거나 하지도 못했다. 그저 해야 할 전공 공부를 열심히 공부했고, 영어는 이력서에 넣을 토익시험을 위한 준비를 한 것이 전부였다.

나는 해외 유학파 출신들을 제쳐두고, 나의 남동생에게 해외 업무를 맡기는 것이 처음에는 희한해 보였다. 해외 출장을 갈 때 통역사를 고용하도록 추가로 비용을 책정한다는 말을 들었다. 영어가 유창한 사람을 보내는 것이 낫지 않을까 생각했다. 하지만 통역사까지 붙여가며 굳이 내 동생을 보내는 이유는 간단했다. 동생은 대인관계 능력이 뛰어나고, 무엇보다 일을 잘했다. 동생은 자신의 업무 분야에서 장관상을 여러 차례 수상했으며, 청와대에서 진행하는 과학기술인 분야의 멘토로 초청받아 과학기술 분야 예비창업자들의 멘토로도 활동했다.

영어를 잘하는 듀크대의 박사학위 소지자보다도 영어를 잘하지는 않지만, 자신의 업무 영역에서 뛰어난 성과를 보인 내 동생이 더 인정받고 있다. 지금은 수석연구원이 되어 해외 박사급 출신의 직원들을 이끌고 있다.

영어만 잘하면 다른 건 다 괜찮은 걸까? 영어권의 나라에 가서 영어만 공부하고 돌아오면 무지갯빛 탄탄대로가 펼쳐질까? 한국의 아이가 국어만을 목적으로 공부를 한다면 그 국어공부는 제 역할을 하는 공부가 아니다. 한글이라는 언어를 매개로 사회, 과학, 예술, 역사 등 모든 분야에서 자신에게 가치 있는 정보를 판단하고, 자신의 입장에서 그 정보를 재구성하여, 자신의 생각을 생산하기 위한 도구로 사용하는 것이 공부의 목적이다. 많은 시간과 노력을 들여 영어를 목표로만 삼아 공부한다면, 그 영어는 도구로써 기능이 없는 반쪽이 될 수밖에 없는 이유이다.

2장

느리지만
가장 빠른 길,
영어책 읽기

ENGLISH

알파벳도 모르는데
영어책을
읽을 수 있을까?

나는 글자를 안다, 모른다를 떠나 책을 스스로 읽는 것 외에 듣는 것, 읽어준 것을 듣고 따라 읽는 것도 모두 읽는다고 말한다. 그리고 듣는 과정, 따라 말하는 과정을 거쳐야 비로소 스스로 읽는 독립 읽기가 가능해진다. 오히려 술술 읽지만 의미를 모르고 읽는 것은 읽기가 아니다.

10여 년 전 전화 한 통을 받았다. ○○○교육협동조합이라는 곳이었다. 그 협동조합은 세 분의 선생님과 학부모들이 뜻을 모아 설립하게 되었다고 했다. 조합에서는 중요 학과목인 국어 · 영어 · 수학 세 과목을 독서와 토론의 방법으로 지도해오고 있었다. 내게 연락을 했던 이유는 지금까지 아이들이 영어책을 읽어왔는데 바르게 하고 있는 것인지 조언을 구하고 싶다는 것이었다. 당시 영어를 독서로 지도하는 곳이 많지 않았기 때문에 나는 그 제안에 무척 흥미가 당겼다. 아이들은 현재 뉴베리 작품을 읽고 있다고 했다. 미국의 아동문학 상인 뉴베리 수상 작품들을 학원에서 읽는 정도면 상당히 수준이 높은 편이었다.

기대를 한가득 품고 조합을 방문해 아이들을 만났다. 환하게 웃으며 선물을 건네는 아이들은 밝게 웃고 있었지만, 자신의 읽기 실력을 점검하러 온 것을 아는지 약간 긴장한 모습이 보였다. 아이들의 책 읽는 모습을 보고 나는 깜짝 놀랐다. 그 아이들은 영어 소설을 억양 없이 무조건 빠르게만 읽고 있었다. 아이들의 읽는 모습이 마치 속사포 랩 '누구보다 빠르게 난 남들과는 다르게'를 숨도 쉬지 않고 뱉어내는 것 같았다. 아이들에게 지금 읽고 있는 책의 내용은 알고 있는지 물으니, 내용은 알지 못하고 지난 1년간 빠르게 읽는 연습만 해왔다고 했다.

당시 영어 공부방법으로 '스피드 리딩'이라는 것이 유행이었는데, 그 방식대로 공부해온 것이었다. '스피드 리딩'은 이름처럼 빠른 속도로 읽는 영어공부법이다. 스피드 리딩의 전도사였던 현재 EBSlang의 강사 이수영은 저서 『스피드 리딩』에서 이 공부법의 대상을 20세 이상 성인으로 제한하고 있다. 협동조합에서 이 책을 한 번만 읽어보고 영어 공부를 시작했더라면 아이들이 그렇게 일 년의 시간을 보내지는 않았을 것인데 안타까웠다.

이 친구들은 과연 읽고 있었던 것일까?

아이에게 처음 영어를 가르칠 때 대부분 파닉스를 지도한다. 길게는 1년 동안 파닉스를 공부했다는 친구도 있었다. 나는 어학원에서 근무할 때 미국의 파닉스 교재를 사용해 아이들을 지도했었다. 이 교재는 총 3권으로 구성되어 있었고, 각 권은 300쪽이 넘었다. 그것을 다하려면 1년은 족히 걸렸다. 문제는 그 세 권을 모두 공부해도 책을 잘 읽지 못한다는 것이다. '해돋이'가 '해도지'로 발음되는데 '구개음화'의 설명을 듣고 규칙을 암기해서 읽는 것이 빠를지, 여러 번 읽어보는 것이 빠를지 생각해보면 이해가 쉽다.

나는 학원을 운영할 때 파닉스를 한 달 만에 끝내고 읽도록 가르쳤다. 한글의 받아쓰기를 할 수 있는 아이는 알파벳만 알고 있으면 일주일 만에 파닉스를 끝내고 책 읽기를 시작하기도 한다. 알파벳을 알면 각 글자의 음가를 쉽게 알 수 있고, 단모음과 장모음 정도의 규칙을 익히면 파닉스의 역할을 다했다고 나는 생각한다.

그런데 내가 파닉스를 몇 달을 가르쳐도 읽지 못하는 남자친구가 딱 한 명이 있었다. 이런저런 방법으로 가르쳐도 간단한 단어조차 읽지를 못해 마지막이다 싶은 마음으로 인터넷에서 파닉스 게임을 찾아 시켜보았다. 한 달간의 나의 노력이 무색하게 5분 만에 술술 읽었다. 한 달을 가르치는 것보다 잠시의 게임이 더 성과가 있었다. 그 경험을 바탕으로 나는 지금 증강현실 AR 파닉스 프로그램을 제작 중이다. 완성되면 회원제로 저렴한 가격에 사용할 수 있도록 오픈할 계획이니 기대해주기 바란다. 증강현실 AR 파닉스 프로그램의 샘플 영상은 블로그에 올려져 있다. 읽기 규칙을 가르칠 때 이러한 체험적인 프로그램을 사용하면 일반적인 책으로 공부하는 것보다 훨씬 빠르게 익힐 수 있다.

영어 읽기의 시작이라고 생각하는 파닉스 공부는 그 자체만 배워서는 쓸모가 없다. 결국, 읽기를 위해 배우는 것이 파닉스이므로 빨리 읽기를 시작하도록 돕는 것이 파닉스의 용도인 것이다. 'a 애'를 배웠으면 apple 이나 ant가 들어간 책을 보며 'a'가 단어에서 어떤 소리를 내며 사용되는지 적용해보는 과정이 반드시 필요하다. 파닉스 'a 애'를 배운 뒤 영어책 읽기 프로그램의 aa단계 도서인 『Picking Apples』를 읽어보며 'apple'의 'a 애'를 살펴본다. 'apple'이 사과를 의미한다는 그 자체도 익히고, 이 책을 통해 사과와 연관된 배경지식, 예를 들면 농부, 나무, 사다리 등과 같은 정보도 함께 살펴본다. 이렇게 공부한 내용을 당장 모두 읽을 수 있어야 하거나, 정확히 알아야 할 필요는 없다. 배운 내용을 모르더라도 다음에 공부할 다른 책에서 또 반복되기 때문이다. 영어책 읽기를 통한 영어 학습의 장점 중 하나는 바로 이러한 자연스러운 복습 효과이다.

화상영어 독서 프로그램 〈리딩365〉를 공부하는 친구 중에는 미국에 있는 48개월 친구도 있었다. 알파벳도 모르던 친구가 지금은 미국에서 초등학교 1학년에 다니고 있다. 코로나가 시작되었던 시기라 유치원에 갈 수가 없어서 화상영어 독서를 시작했었다. 알파벳을 모르는 5~7세 사이 친구들도 많이 공부하고 있다. 화상영어 독서 프로그램의 기초 단계의 도서들은 독후활동에 매일 파닉스 활동이 포함되어 있어 영어책을 읽으며, 파닉스도 다지는 활동이 동시에 가능하다. 조금 더 파닉스를 공부하고 싶은 경우 시중에 판매되는 교재들이 많으니 하루 한 장씩 집에서 가볍게 공부하기도 편리하다. 시중에는 학습게임 콘텐츠 CD가 제공되는 교재들도 많아 책으로 공부하고 게임으로 재미있게 익힐 수 있다.

"이거 말고 다른 책 읽으면 안 될까? 벌써 열 번이나 읽었잖아."

책 읽어주는 엄마들은 대부분 경험했을 것이다. 똑같은 책을 열 번 스무 번 읽어야 하는 고통을. 이쯤이면 엄마인 내가 오히려 그만 읽자고 아이를 설득한다. 나의 딸 윤아는 내 말을 듣기는 한 건지 내 손에 책을 쥐여 주고는 엄마가 언제 읽어줄지 책 표지를 보며 기다리고 있었다. 아이는 한 장 한 장 읽을 때마다 책장을 뚫을 듯 몰입했다. 아예 글을 외워서 엄마가 읽을 때 같이 말하기도 한다. 그때마다 뭐가 그리 재미있는지 애착 인형을 안고 깔깔대며 난리가 난다. 잠잘 시간인데 흥분해서 "또! 또!"를 외친다. 그렇게 읽은 책은 어느 날 암기가 되었는지 페이지를 넘기자마자 엄마에게 읽어준다.

아들이 5세 때 내게 영어책을 읽어주는 모습이 너무 귀여워 동영상을 찍어 블로그에 올려두었다. 당시 아들은 5세, 알파벳을 몰랐다.

한글을 몰라도 엄마가 아이를 안고 책을 읽어준다. 아직 태어나지도 않은 배 속의 아이에게도 태교 독서를 하지 않는가? 아이가 알파벳도 몰라도 엄마가 아이를 안고 책을 읽어주기 바란다. 아이는 엄마가 읽어주는 책의 그림을 본다. 읽어주는 책이 많아질수록 그 그림의 의미를 알게 되고, 글자와 그림과 소리를 연결한다. 이렇게 아이의 읽기는 발달한다.

02

더 잘 가르치기 위해
배우러 간
캐나다

나는 7년간 다니던 교육회사의 국장 자리를 내려놓고 캐나다로 떠났다. 그토록 원했던 해외 발령의 기회를 영어 실력 때문에 놓친 후, 내가 아이를 낳는다면 나의 아이에게는 절대 이런 경험을 하게 하고 싶지 않았다.

영어를 모국어로 사용하는 북미의 사람들은 자신의 아이들을 어떻게 가르치는지를 직접 보고 배우고 싶었다. 나는 캐나다에 도착한 뒤 먼저 어학코스를 3개월 거친 뒤 영어지도법을 배울 수 있는 학교로 입학할 예정이었다.

학교에 'From-a-Dot'이라는 별명의 선생님이 있었다. 남태평양의 어느 이름 모를 섬에서 왔다고 자신을 소개한 유쾌한 흑인 선생님이었다. 나는 그 선생님께 문법과 에세이, 토론을 배웠다. 그분의 수업은 다른 수업에는 없는 것이 있었다. 수업을 시작할 때마다 자신이 읽어온 소설을 클래스 전체에게 들려주어야 하는 것이었다.

내가 그때 선택했던 책은 『오페라의 유령』이었고, 하루에 열 페이지씩 읽은 뒤 수업시간에 들려주었다. 나는 수업 전날 밤, 읽은 내용을 정리하여 암기한 뒤, 거울 앞에서 발표하는 연습을 했다. 영어소설이 처음이었던 나는 모르는 단어가 많아 술술 읽지는 못했다. 하지만 얼마 후 책 속의 이야기가 내 머릿속에 그림으로 그려지기 시작했다. 무섭게 느껴지는 지하의 분위기, 가면을 쓴 유령, 납치 등등의 묘사에 어려운 줄도 모르고 끝까지 읽을 수 있었다. 내가 읽은 부분을 발표할 때 다른 사람이 들어주는 느낌도 아주 좋았다, 다음 스토리가 궁금한지 내게 물어보는 친구들도 있었다.

솔직히 고백하자면 그때까지 나는 영문소설을 읽어본 적이 없었다. 20년 전인 그때 내가 보았던 영어원서는 대학 때 마케팅원론 전공 서적이 전부였다. 고등학교 때까지 영어책이라고는 『성문종합영어』같은 문법책으로만 공부했었고, 아이들을 가르칠 땐 수업용 교재를 사용했기 때문에 영어소설은 처음이었다. 캐나다 서점에서 책을 고르면서 영어를 가르치는 내가 영어 소설을 한 번도 보지 않았다는 것이 아주 이상하게 느껴졌었다. 그때까지 내게 영어원서는 교보문고 매장의 깊은 안쪽, 고급스런 조명 아래에 놓여 있는 영어 전공자들만의 것이었다.

당시 캐나다는 2번째 방문이었고, 회사를 그만두기 7년 전 신입교사 연수로 처음 갔었다. 그 연수 기간 동안 공부했던 책 역시 아이들을 가르칠 교재와 교육학 전공 서적이 전부였다. 환경만 바뀌었지 공부하는 내용은 한국이나 캐나다나 똑같아서 별 차이가 없다고 느꼈다. 하지만 두 번째로 온 캐나다에서는 영어 소설 『오페라의 유령』을 읽으며 낯선 단어로 어렵기도 했지만 술술 읽혀지는 경험을 했다. 나는 공부는 이렇게 해야 하는구나라고 느끼며 캐나다에 다시 오길 정말 잘했다 싶었다.

내가 캐나다에 간 목적은 북미의 아이들은 어떻게 배우는지를 관찰하기 위함이었다. 나는 밴쿠버에서 어린이 영어지도 과정이 있는 국제학교를 찾았다. 학교 안내문에는 교육과정을 마치고 난 뒤 캐나다의 초등학교에서 한 달간의 교생 실습을 거치면 자격증도 받을 수 있다고 적혀있었다. 자격증 수령을 위해 '필수'라고 적혀있던 교생 실습이 내게는 '혜택'으로 느껴졌다. 딱 내가 원하던 그런 프로그램이었다. 교생 실습을 하며 캐나다의 아이들을 가르칠 수도 있고, 선생님들과 함께 생활하며 교육 과정을 체험할 수 있었다. 한국의 아이들을 잘 가르칠 수 있는 어떤 답이 있을 거라고 확신했다.

나는 정규과정을 마치고 난 뒤, 한 달간 유치원 과정부터 초등 6학년까지 모든 수업을 참관할 수 있었다. 처음 본 캐나다의 교실은 내가 다녔던 '국민학교'와 매우 달랐다. 나의 기억 속의 국민학교 교실에는 노랑 주전자와 대걸레, 엉덩이를 높이 치켜들고 달려가며 복도 바닥을 닦을 때 쓰던 왁스와 손걸레가 전부였다. 반면 캐나다의 교실에는 책이 담긴 바구니가 있었다. 복도에는 도서관에서나 볼 수 있는 책이 잔뜩 담긴 책 수레가 교실과 교실 사이 벽마다 놓여 있었다. 캐나다의 학교에 처음 간 날 눈에 띄었던 것은 수많은 책이었다.

또 놀라웠던 것은 수업시간 중 독서시간이 있다는 것이었다. 저학년 교실의 경우 편안한 자세로 책을 읽을 수 있도록 교실 한쪽에 매트가 깔려 있었다.

나는 어째서 그제야 알게 되었던 것일까? 언어를 배우려면 책을 많이 읽어야 한다는 것을. 지금 생각해 보면 너무도 당연한 사실을 당시 전혀 몰랐다는 것이 더욱 놀랍다. 지금은 영어책에 대한 인식이 많이 높아져 영어 공부의 기본이 영어책 읽기라는 것이 보편화되어 나로서는 무척 뿌듯하다.

나는 교생 선생님으로 학급 담당 선생님을 보조해야 하는 역할도 해야 했다. 하루는 선생님이 교재 창고에 가서 수업에 쓸 색 도화지를 가져다 달라고 하셨다. 나는 창고에 가서 다시 한번 놀랐다. 창고의 바닥에서 천정까지 하얀색 상자가 쌓여 있었는데 나중에 알고 보니 그것이 모두 수업에 사용하는 책이었다. 영어를 모국어로 하는 사람들이 자신의 아이를 가르치기 위해 가장 신경 쓰는 것이 바로 책 읽기라는 것을 알게 되었다.

하물며 다른 나라의 말인 영어를 배우는 한국의 아이들은 기껏해야 단어 몇 개와 문장 몇 개가 쓰여진 것이 전부인 교재로 공부를 하니 영어를 잘할 리가 없었다. 실제 한국 아이들이 영어를 배우기 시작하는 초등학교 3학년 교과서부터 공교육이 끝나는 고등학교 3학년까지 교과서에 실린 글을 모두 모아보면 해리포터 한 권이 채 안 된다 한다. 해리포터 한 권도 안 되는 양의 글을 접하는 것으로 영어를 잘할 수 있다고 생각하는 것 자체가 근본적으로 말이 되지 않는 것이다. 나는 우리나라 아이들이 영어를 배우는 데는 책이 빠져 있다는 것을 알게 되었고, 한국에 돌아가면 책을 많이 읽혀야겠다고 마음먹었다.

캐나다의 초등학교에서 기억에 남는 수업이 하나 있다. 아이들과 함께 시청각실에서 수업한 적이 있었다. 선생님을 따라 한 줄로 서서 시청각실로 들어갔다. 각 교실에는 항상 두세 분의 보조 선생님이 계셨다. 자원봉사 선생님이 계신 때도 있고 학부모님이 오신 날도 있었다. 그날은 총 세 분의 보조 선생님과 함께했다. 세 분의 보조 선생님들은 책을 한 권씩 손에 들고 계셨고, 각자 들고 있던 책을 아이들에게 읽어주셨다.

첫 번째 선생님은 신데렐라를 읽어주셨다. 아이들은 이미 잘 알고 있는 이야기라 선생님의 질문에 큰 목소리로 합창하듯 대답하며 재미있게 잘 읽었다.

두 번째 선생님은 신데렐라와 비슷한 이야기를 읽어주셨는데 어느 나라인지는 정확히 기억이 나지 않지만 다른 버전의 신데렐라 이야기였다.

선생님이 첫 몇 페이지 책을 읽어주시자 아이들은 비슷한 이야기라는 것을 알아차렸다. 적극적인 아이들은 이 책이 첫 번째 신데렐라와 비슷한 이야기라며 무엇이 비슷한지 자신의 의견을 이야기했다.

세 번째 선생님은 한국의 콩쥐팥쥐를 읽어주셨다. 한국의 이야기 책이 나와서 깜짝 놀라기도 했고, 뿌듯했던 기억이 난다. 나는 콩쥐팥쥐 이야기가 신데렐라와 비슷하다는 것을 그날 알아차렸다. 이번에는 더 많은 아이들이 비슷한 점을 말하기 시작했다.

세 권의 책을 모두 다 읽은 뒤 본격적인 수업이 시작되었다. 담임 선생님은 이 세 권의 책이 각각 어느 나라의 책인지 알려주시면서 마지막 책은 여기 계신 'Miss. Kim'의 나라인 한국의 책이라고 나를 가리키며 말씀하셨다. 아이들은 좋은 책이라며 내게 박수를 쳐주었다.

또 선생님은 세 권의 도서에 나오는 주인공들을 아이들에게 물어봤고, 아이들은 저마다 발표를 하려 열심히 손을 들었다. 세 권의 책 속에서 각 주인공들은 어떤 다른 경험을 하는지, 마지막은 어떻게 되는지 이야기를 나누었다. 선생님은 각 나라의 문화에 따라 비슷한 내용의 책이 이렇게 다르게 쓰일 수 있다는 것을 아이들 스스로 생각하며 알 수 있도록 이끌어주었다. 캐나다는 세계 여러 나라에서 온 사람들이 함께 모여 살고 있고, 다른 생각과 문화를 가지고 있다는 말씀으로 그 날의 수업을 마쳤다.

나는 그날의 수업을 보고 충격과 함께 깊은 감명을 받았다. 이래서 우리보다 선진국인가 하는 생각이 들었고, 나도 한국에 돌아가면 이런 영어교육을 하리라 결심했다.

나는 한국의 아이들을 더 잘 가르치기 위해 캐나다로 갔다. 영어를 모국어로 사용하는 사람들은 자신의 아이들을 어떻게 가르치는지 알고 싶었다. 캐나다의 초등학교에서 내가 배운 것은 다름 아닌 '책'이었다. 자신의 언어를 잘 가르치기 위해 교실마다 책을 두고, 창고에는 천장까지 책이 쌓여 있고, 복도마다 책 수레가 있었다. 학교 수업시간에 책을 읽는 시간이 있고, 아이들은 자유로운 자세로 누워서 책을 읽고, 엎드려서 읽기도 했다.

나는 내가 영어를 못하는 근본적인 이유가 영어를 그만큼 적게 접했음을 깨달았고, 영어를 더 많이 접하기 위해서는 즐겁게 책을 봐야 한다는 것을 알게 되었다. 단어를 외우고 문법책을 풀고, 시험을 보며 영어를 배우고 있는 한국의 아이들에게 영어책을 읽혀야겠다고 마음먹었다.

시행착오를 통해
영어 독서법을
배우다

캐나다에서 '책'이라는 힌트를 들고 한국으로 돌아왔지만 정작 어떻게 가르쳐야 할지 몰랐다. 당시는 영어를 배우려면 영어를 사용하는 나라의 사람에게 배워야 한다는 인식이 지금보다 더 지배적이었다. 아이들부터 성인까지 모두 백인 선생님들이 있는 어학원이 영어를 배우는 최고의 길이라 여겼었다. 한국으로 돌아와 YBM 시사영어사에 입사해 목동지역의 국장을 맡아 근무하고, 어학원에서 강사 생활을 할 때는 본격적인 독서를 지도할 기회가 없었다. 기본적으로 가르쳐야 할 회사의 프로그램이 있어 그것을 지도해야 했다. 수업하는 중 조금의 짬을 내어 추가로 책을 읽어주는 정도로만 가르쳤다. 개인적으로도 영어책을 읽기보다는 가르쳐야 할 교재를 분석하는 날이 계속되었다. 이후 본격적으로 영어책 지도를 하게 되기까지는 또 10년이라는 세월이 흘러야 했다. 결혼하고 내 아이가 태어나서야 본격적인 영어책 읽기를 파고들어 연구하기 시작했다.

큰아이가 네 살 되던 해 나는 근무하던 학원을 그만두고 교습소를 차렸다. 아이가 크면 직접 가르칠 생각으로 딸아이가 다니게 될 초등학교의 교문 앞에 오픈했다. 아이들을 가르칠 프로그램으로는 당시 가장 인기가 많았던 자기 주도형 랩 형태의 시스템을 도입했다. 모든 프로그램이 그렇듯 듣기, 말하기, 읽기, 쓰기 등 언어의 4대 영역이 골고루 조금씩 가미가 되었던 프로그램이었다. 그 프로그램을 진행하며, 비로소 캐나다에서 얻어온 '책'이라는 힌트를 수업에 조금씩 가미하기 시작했다.

나는 캐나다의 초등학교 창고에 쌓여있었던 그 미국 출판사의 프로그램을 구입했다. 780권의 알록달록한 책들을 작은 교습소 벽에 둘러 도서관처럼 꾸며 편하게 볼 수 있도록 했다. 교습소에 오는 아이들은 정규수업이 끝나면 추가로 원하는 책을 읽고 독서통장을 기록한 뒤 집으로 돌아가도록 했다. 교습소에 오는 아이들은 대부분 알파벳도 잘 모르는 기초 단계이거나 파닉스를 갓 뗀 아이들이 많았다. 그러다 보니 책을 스스로 읽기가 어려워 도움이 필요했다. 아이들에게 편하게 읽을 수 있도록 하려던 도서관의 취지가 나와 아이들에게 오히려 부담이 되어가는 듯했다.

그즈음 교습소의 원생이 폭발적으로 늘어나 더 넓은 공간으로 이사를 하게 되었다. 넓어진 여유 공간에 영어책 읽기만을 위한 도서관을 크고 쾌적하게 만들었다. 내 아이도 5세가 되어 본격적인 영어책 읽기 수업을 해야 할 때가 다가왔다.

나는 영어책 읽기 지도를 체계적으로 배우고 싶었다. 영어책 읽기, 영어독서, 원서읽기 등을 키워드로 인터넷을 아무리 찾아보아도 내가 원하는 방식의 영어책 읽기를 가르쳐주는 곳이 없었다. 서울의 K대학교와 한글 논술 회사인 H에서 진행하는 프로그램 두 개가 전부였다. K대학교의 프로그램은 교수 내용이 이론 중심이라는 느낌이 들어 현실에 빠르게 적용하기 어려울 것 같아 선택하지 않았다. 한글 논술 회사인 H에서 진행하는 영어독서지도사 자격증 프로그램이 그나마 실무가 많이 포함되어 있어 보였다. 나는 빠르게 등록을 결정하고 공부를 시작했다. 공부를 할수록 영어독서를 지도한다는 느낌보다 동화구연을 한다는 생각이 강하게 들었다. 동화책 한 권을 준비해 마치 유치원 선생님들이 하는 것처럼 그림을 그리고 소품을 만들어 영어책을 읽어주는 것이 자격증 발급의 마지막 과정이었다. 이렇게 읽어주는 공부로는 아이들의 실력을 높일 수 없다고 직감했다. 학원에 오는 아이들은 유치원생이 아니라 하루라도 빨리 레벨이 올라가야 하는 초등학생들이었기 때문이다. 나는 더 빠르고 머릿속에 쏙쏙 들어가는 방법으로 아이들을 가르치고 싶었다.

영어 동화책으로 아이들을 가르치는 방식은 동화 구연식의 방법이라는 것 외에 한 가지 더 문제가 있었다. 영어 동화책은 아름다운 문장으로 스토리를 전달해야 하다 보니 쓰이는 단어의 수준이 들쭉날쭉했다.

유치원생 여자친구들이 좋아하는 동화 신데렐라의 디즈니 영어책 버전에는 어려운 단어가 너무 많이 나온다. 무도회를 알리는 발표 announcement, 새엄마의 교활하게 웃는 모습을 묘사한 slyly, 신데렐라에게 무도회에 갈 만한 적당한 드레스가 있는지를 물어보는 문장에 나온 suitable 등의 어려운 단어들이 많이 나온다. 신데렐라를 읽을 수 있는 수준이 되는 초등 고학년은 신데렐라에 흥미가 없는 것이 문제다. 또 쉬운 단어와 어려운 단어가 한 권의 책에 섞여 있어 공부하는 교재로 삼기가 어려웠다.

문학책과 동화책은 즐겁고 다양하게 읽는 다독으로 지도하고, 아이들과의 수업은 수준별로 나누어져 목표 언어가 확실히 정해진 영어책 시스템이 필요했다. 다행히 나는 아주 적당한 프로그램을 찾을 수 있었다. 당시 우리나라에는 아직 들어오지 않았던 미국의 온라인 영어 도서관 두 곳을 찾아내어 가르치기 시작했다. 그 두 회사 모두 현재는 한국에 정식 수입되어 학교나 학원이 아닌 개인도 네이버에서 쉽게 구입해 사용할 수 있다.

당시 내가 찾아낸 미국의 온라인 도서관은 현재 화상영어 독서 프로그램으로 수업을 진행하고 있다. 이 프로그램은 단계가 총 29단계로 세밀하게 나누어져 있으며, 각 단계마다 100여 권의 책이 일정한 난이도로 구성되어 있다.

한 학생이 해당 단계의 100여 권의 도서 중 어느 책을 고르더라도 디즈니의 신데렐라처럼 모르는 단어가 많이 나올 확률이 없다. 이 프로그램은 단계별로 난이도가 잘 조정되어 있을 뿐 아니라 도서별로도 목표 언어가 정확히 구성되어 있고, 그 목표에 맞는 독후활동지가 도서마다 제작되어 있어 아이들을 가르치기가 매우 편리하다. 나는 한때 미국에서 수입한 도서 780권의 독후활동지를 모두 제작하려 했으나, 독후활동지 제작에 엄청난 시간이 소요될 뿐 아니라, 내가 만든 독후활동지가 해당 도서의 학습 목표에 정확히 부합하는지, 아이들의 발달 수준에 맞게 제작되었는지 등을 평가하기가 어려울 것 같았다. 미국에서 제공되는 독후활동지는 그러한 면에서 교사의 부담을 덜어주는 편리함과 동시에 안전성이 확보된 자료이다.

아이들을 가르칠 양질의 도서, 독후활동지, 정확한 발음을 들을 수 있는 음원, 이 모든 것이 갖추어져 있는 프로그램으로 지도를 시작했다. 본격적인 영어책 읽기 지도를 처음으로 시도하다 보니 산 넘어 산이 계속 나왔다. 미국 프로그램이다 보니 한국 아이들이 보기에 그 의미파악이 어려웠다. 무작정 읽기에는 도서의 흐름을 몰라 흥미가 생기지 않았고, 일일이 단어를 찾아가며 읽기에는 흐름이 끊기고, 시간 소요도 너무 많았다.

나는 총 3,000여 권에 가까운 도서의 단어장을 제작하기 시작했다. 영문과 출신의 지인, 우리 학원에서 근무하던 강사, 예전 학원에서 함께 근무했던 동료, 영어 강사인 친인척 등 모두를 동원해 2년 만에 단어장을 만들 수 있었다. 단어장은 암기를 하기 위해 만들어진 용도라기보다는 사전처럼 사용하도록 했다. 모르는 단어를 빨리 볼 수 있어 시간이 절약되었다. 한두 번 정도 써볼 수 있도록 구성되어 있어 암기하기에도 부족하지는 않다.

아이들이 학습관에 와서 낭비되는 시간이 없게 하려면 공부하는 프로세스를 명확히 해야 했다. 그래야 빠르게 수업을 진행하여 한 권이라도 더 많은 책을 읽을 수 있기 때문이다. 아이들의 머릿속으로 빨리 들어가는 공부의 순서를 알아야 했다.

책을 읽기 전 단어를 먼저 공부할지, 책을 읽은 후 단어를 찾을 것인지, 소리를 먼저 들을지, 선생님과 어떤 부분을 이야기 나누어야 할지 수업 흐름을 디자인해야 했다.

아이들의 머릿속에 공부하는 내용이 빨리 들어가는 공부법을 알아내기 위해 내가 먼저 경험해보았다. 이 온라인 도서관 프로그램은 스페인어와 불어 등 다른 언어로도 제공되어 나는 내가 전혀 모르는 스페인어를 선택해 영어를 처음 접하는 아이들의 입장이 되어 공부해보았다.

그렇게 연구한 결과, 영어책을 효과적으로 공부하는 방법을 디자인할 수 있었다.

처음에는 소리와 글자를 함께 듣고, 모르는 것들을 확인한다. 모르는 부분은 단어장을 찾아 의미를 이해한다. 몰랐던 단어 혹은 문장을 정확히 듣고 따라 말할 수 있을 때까지 들으면서 큰 소리로 발음하는 연습을 한다. 이 프로그램은 어플을 통해 한 단어씩 정확한 듣기가 가능하다.

수업 시간에 아이들은 이 단계까지 준비를 하고 나와 만난다. 선생님과 한 페이지 한 페이지 천천히 읽어가며 충분한 대화를 나눈다. 이때의 대화는 도서의 글자에만 국한되기보다 넓게 확장하는 것이 좋다.

아이의 경험, 느낌을 끌어내어 글과 아이 자신을 연결하도록 이끌어주고, 이미 공부한 책 중 비슷한 내용이 있었다면 다시 한번 꺼내어 복습도 해본다. 아이가 궁금해하는 것이나 추가적인 배경지식이 필요하다면 즉시 인터넷이나 책을 찾아 확인한다. 내게 필요한 정보를 어떻게 찾아내고 소화하는지 배우는 귀한 시간이다.

선생님과 대화를 나누며 책의 모든 페이지를 읽었다면 마지막으로 도서를 전체적으로 4~5회 소리 내어 읽어본다. 이렇게 소리 내어 읽는 것은 영어 학습에서 가장 효과가 좋은 활동이다. 선생님과 수업을 통해 전체 도서의 의미를 모두 이해하고, 그 내용을 소리 내어 읽으면, 읽는 동안 마법이 일어난다.

첫째, 읽기 속도가 읽을 때마다 정확히 두 배씩 빨라진다. 빠르게 읽는다는 것은 쉬어야 할 지점에서 쉬고, 연이어 읽어야 할 부분을 자연스럽게 이어 읽는다는 말이다. 'in the box'와 같은 의미구 단위(청크)로 읽기가 가능해져 속도는 더 빨라질 수 있다. 이렇게 청크로 읽을 수 있으면 말할 때도 청크로 하게 되어 말하기도 빨라진다.

둘째, 공부를 마친 글을 소리 내어 읽으면 글의 내용이 머릿속에 그림처럼 펼쳐진다.

셋째, 몰랐던 부분을 확연히 알게 된다. 두세 번 소리 내어 읽어보며 복습이 된다.

넷째, 공부할 때는 미처 신경을 쓰지 않았던 새로운 부분이 드러난다.

다섯째, 결국 책 읽기가 재미있어진다.

이렇게 소리 내어 읽기까지 마치면 공부한 도서와 동일한 주제를 다룬 다른 작가의 책을 살펴본다. 이렇게 한 번 더 짚어주면 다른 사람의 관점을 비교해보며 사고도 넓어지고, 복습도 된다. 이런 공부를 나는 '주제 확장 독서'라고 부른다. 각 도서의 주제 확장 도서목록을 단어장에 수록해 두었으니 제목만 조회하여 편하게 지도할 수 있다.

04

영어,
공부처럼
하지 마라

나는 영어단어를 외울 때 연습장이 꽉 차도록 쓰고 또 썼다. 한참을 쓰다 보면 새끼손가락 옆이 까맣게 되어 지우개로 지워가며 공부하곤 했다. 단어가 너무 외워지지 않는 날은 사전을 찢어내어 먹기도 했었다. 그렇게라도 머릿속에 영어단어가 들어가기를 바랐다. 중학교 때는 학교 수업시간에 불규칙 동사의 과거형과 과거분사를 외우고 시험을 봤다. 틀린 문제가 많은 아이는 앞으로 불려나가 30cm 자로 손바닥을 맞았었다. 중학생 아들과 고등학생 딸아이를 보니 여전히 학교에서 단어시험을 많이 보고 있다. 연습장을 까맣게 채우던 나와 달리 영단어 암기용 어플을 사용하는 점이 좀 달라졌다면 달라진 점이다.

'공부'라고 하면 독서실의 칸막이가 있는 책상에서 열심히 뭔가를 쓰는 모습을 떠올린다. 또는 눈빛을 반짝이며 강의를 듣는 이미지가 떠오르기도 한다.

나는 학창시절 영어를 열심히 했다고는 할 수 없지만, 많이는 공부했다. 중고등학교 내내 과외 선생님과 성문종합영어를 여러 번 반복하고, 대학 4년간 종로의 유명한 어학원을 계속 다녔다. 그런데도 대학을 졸업했을 때 영어를 편안하게 하지 못했다. 과연 문제가 무엇일까? 그 해답을 뇌의 기억에서 찾아볼 수 있다.

인간의 기억은 서술적 기억과 비서술적 기억, 두 가지로 구분된다. 서술적 기억이란 특정 장소, 사람, 사실 등 의식적인 기억을 말한다. 우리가 '암기한다'고 표현할 때는 이 서술적 기억을 말하는 것이다. 비서술적 기억은 운동기억 또는 절차기억이라고도 하며 운동이나 악기를 다루는 것과 같이 무의식적으로 저장되는 기억이다. 알고는 있지만 설명하기는 어려운 기억을 말한다. 이러한 기억과 언어의 연관성에 대해 마이클 얼먼 조지타운대 교수는 KBS 스페셜과의 인터뷰에서 이렇게 말한다.[10]

"예를 들어 서술기억의 경우에는 무엇인가를 아주 빨리 배울 수가 있습니다.

내가 당신에게 몽고의 수도는 울란바토르라고 말하면 전에 몰랐더라도 한 번만 그 정보를 제시하면 바로 알 수 있습니다. 반면 자전거 타는 법을 배우려면 시간이 걸리고 연습이 필요합니다.

우리가 교실에서 문법을 배우는 것은 서술기억을 통해 배우는 것입니다. 문법 규칙이 이렇다거나 명사가 동사 앞에 온다거나 하는 식으로 말입니다. 그것은 서술기억으로 배우는 것입니다. 이렇게 외국어의 경우 문법은 서술기억입니다. 하지만, 모국어의 경우 문법은 절차기억의 영역입니다."

우리는 학교에서 서술기억으로 영어를 배운다. 그것이 우리가 영어를 자유롭게 말하지 못하는 원인이다. 그것이 우리가 외국인과 대화할 때 우리의 머릿속이 하얗게 변하게 되는 이유이다. 그렇다면 우리가 영어를 잘할 수 있는 방법은 무엇인가? 정답은 간단하다. 우리가 배운 규칙과 암기한 정보, 즉 서술기억을 절차기억으로 변경할 수 있다면 우리는 영어에서 자유로워질 수 있다. 서술기억을 절차기억으로 바꾸는 법, 그것은 바로 연습이다. 미국 메릴랜드대 로버트 드 카이져 교수의 말을 들어보자.[11]

"연습은 학생들이 서술적 지식을 절차적 지식으로 바꾸는 것을 도와줍니다. 그래서 처음 룰을 배우게 되면 예를 들어 영어에서 동사의 경우 3인칭 단수일 때 S를 붙여야 하는 등의 룰을 배울 때 이것이 바로 서술적 지식입니다. 하지만 당신이 영어를 아주 유창하게 말하고 싶다면 단지 다시 사용할 수 있는 그 룰만 알아서는 안 됩니다. 3인칭 단수동사를 사용할 때마다 S를 (자동적으로) 사용할 수 있게 연습해야 하는 겁니다."

　규칙을 배우면 그것을 습득하는 연습이 뒤따라야 함을 강조하고 있다. 자 이제 내가 영어를 유창하게 하지 못했던 이유를 알게 되었다. 나는 그동안 문법책을 달달달 암기하며 공부했고, 종로의 영어회화 학원에 가서 하루 한 시간씩 회화교재를 공부했다. 회화교재를 분석하고 암기하는 서술기억만을 잔뜩 넣는 공부를 해왔던 것이다. 그러던 내가 캐나다에 가서 24시간 영어로만 생활해야 하는 환경에 놓이게 되니 그동안 공부했던 서술적 기억이 자연히 절차기억으로 전환되어 말문이 터지기 시작했던 것이다.

　『영어 모국어화 훈련법』의 저자 최재화 씨는 이렇게 말한다.

　"꼭 해야 하는 훈련은 생략해 버리고 설명을 아무리 열심히 듣는다고, 이론을 잘 이해한다고 언어가 되는 것이 아니란 점은 새삼스레 강조할 필요도 없는 분명한 사실입니다. …한국어, 영어, 중국어 등 언어를 실제로 구사하는 능력은 규칙을 안다고 해서 저절로 생기는 것이 아닙니다. 철저하게 집중적으로 반복해서 몸으로 익혀야 하는 분야임을 절대로 잊지 마시기 바랍니다."

『영어공부 절대로 하지마라』의 저자 정찬용 씨는 이렇게 말한다.

"아무리 잘 외우는 사람도 시간이 지남에 따라 기억할 수 있는 양이 줄어든다.…영어가 체화되는 부분은 혓바닥이지. 머리보다 혀가 먼저 말을 하는 상태가 되면 체화된 거지."

이 외에도 스스로의 노력으로 영어에서 자유로워진 많은 사람들이 이구동성으로 하는 말은 몸으로 익히라는 말이다. 다만 이러한 말이 문법을 익히거나 단어를 암기하는 등의 서술기억이 전혀 필요 없음을 의미하는 것은 아니다.

성북동에 사는 남매를 가르친 적이 있었다. 부모님은 동대문에서 의류 사업을 하시느라 밤낮으로 바쁜 생활을 하셨고 아이들에게 많은 신경을 쓸 여유가 없었다.

부모님은 아이들이 3학년이 되던 해부터 방학 때마다 아이들을 필리핀으로 어학연수를 보냈다. 남매 중 누나는 총 여섯 번, 동생은 네 번의 어학연수 경험이 있었다. 누나는 여러 번의 어학연수를 다녀온 덕에 영어를 어렵지 않게 공부할 수 있었다.

문제는 남동생이었다. 나를 만났던 당시 중1이었던 남동생은 알파벳도 정확히 몰랐다. 해외 어학연수를 네 번이나 다녀왔는데 b와 d를 혼동하고, 각 알파벳의 정확한 발음을 하지 못했으며, 짧은 문장도 매우 느리게 읽었다. 나중에 알게 된 사실은 이 친구가 심리적으로 위축된 부분이 아주 많았고, 그 심리적인 문제로 다른 과목 또한 인지 수준이 매우 낮았으며, 학습 의지 자체가 없었다는 것이다.

아무것도 모르는 상태에서 다녀온 해외연수는 남동생의 실력을 전혀 올려주지 못했다. 즉 서술기억이 전혀 없는 상태에서는 절차기억으로 옮겨질 재료가 없었으며, 절차기억을 쌓기 위한 의지도 없는 상태였던 것이다.

이 아이를 보며 마치 물을 무서워하는 아이에게 수영을 배우라며 튜브 하나와 함께 바다로 등을 떠미는 것과 같은 느낌을 받았었다. 팔 젓는 법, 숨 쉬는 법, 발차기 하는 법 등을 알려주고, 배운 것이 몸으로 익혀질 수 있도록 연습해야 함을 강조하고 싶다. 내가 영어 공부에 있어 정독과 다독, 화상영어 말하기를 함께 하도록 강조하는 이유이다.

영어는 머리로 하는 것이 아니라 근육과의 협업으로 이뤄지는 활동이다. 자전거 타기를 배우는 것과 같다. 자전거의 구조를 분석하고, 자전거의 작동원리를 책으로 공부하고, 균형을 잘 잡는 법을 강의로 듣고, 밖으로 나가 자전거를 잘 타는 사람들을 관찰만 해서는 자전거를 잘 탈 수 없다. 무릎이 까지고 넘어져가며 몸으로 익혀야 비로소 탈 수 있게 된다.

앉아서 단어를 외우고 문법을 익히고 글을 분석하는 것만으로는 영어라는 언어를 잘 사용할 수 없다. 영어는 수학이나 과학처럼 하지 말고 체육처럼 하자. 이론을 공부하고 나면 입으로 말하며 몸으로 훈련하자. 발과 다리가 적절한 강도와 속도로 자전거의 페달을 밟듯, 입 근육이 영어를 자연스럽게 표현하도록 끊임없이 반복하여 훈련하자.

05

영어에만 올인하면
고학년 때
막막해진다

'수포대포 영포인포'라는 말을 들어보았는가? 수학을 포기하면 대학을 포기하는 것이고, 영어를 포기하는 것은 인생을 포기하는 것이라는 말이다. 이러한 불안함으로 영어만을 목표 삼아 올인하며 달려드는지도 모르겠다.

영어를 위한 최고의 올인은 영어권으로의 이민이 아닐까? 자녀들의 미래를 위해 캐나다에 이민한 가족을 만난 적이 있다. 내가 캐나다에서 생활비를 벌기 위해 아르바이트를 했던 한인 식품점의 주인 부부는 자녀들을 위해 캐나다에 이민을 왔다고 했다. 그 식품점의 주인 부부는 한국에서 세무공무원을 하다가 초등학생이었던 두 자녀를 데리고 밴쿠버에 정착했다. 두 자녀 모두 밴쿠버에 있는 대학을 졸업했다.

나는 일을 하다가 6시쯤 되면 주인아주머니와 가게 구석에서 간식을 먹으며 이런저런 얘기를 많이 나누었었다. 나 또한 캐나다에 가기 전 가족들과 이민을 고려해 대사관에서 상담을 받기도 했었다. 나는 캐나다에 공부를 목적으로 가기도 했었지만, 내가 가족보다 먼저 가서 자리를 잡으려는 의도도 있었다. 나의 상황이 이렇다 보니 아주머니와 이민에 대해서 자연스레 이야기하게 되었다.

나는 대화를 나누며 이민 후의 삶이 녹록지 않음을 알게 되었다. 아주머니는 이민을 와서 자녀들이 좋은 대학을 졸업하면 끝일 거로 생각했었다고 했다. 하지만 졸업한 자녀들은 캐나다에서 번듯한 직업을 찾는 것이 아주 힘들었다고 했다. 그래서 큰딸은 한국으로 돌아가 대학에 다시 들어갔고, 졸업한 뒤 취업을 준비하던 중 바로 결혼을 했다고 한다.

아들은 한국에서 취업하고자 했으나 항상 면접에서 떨어졌다고 했다. 20년 전 영어를 잘하는 것이 만병통치라고 생각했던 나는 아주머니의 아들이 영어권의 대학을 나와 영어가 유창할 텐데 취업이 되지 않았다는 말이 이해가 되지 않아 자세히 물었다.

아주머니의 아들이 한국에서 면접을 볼 때 문제가 되었던 것은 격식 있는 한국말을 정확하게 이해하지 못하는 부분이었다고 한다. 아주머니의 아들이 모 기업의 면접을 보던 때 면접관이 사자성어를 사용해 질문했는데 그 사자성어가 무슨 말인지를 몰라 당황했고, 결국 면접에 떨어졌다고 했다. 당시 아주머니는 이민을 오지 않고 그냥 한국에 있었다면 어땠을까 생각한다고 말했다.

나는 이민이나 유학을 가더라도 한국에서 열심히 하는 만큼, 또는 그 이상의 에너지를 쏟아부어야 함을 느꼈다. 그렇지 않으면 여기에서도 중간자, 저기에서도 중간자로 남을 수밖에 없는 것처럼 보였다.

이렇게 해외에서 거주하다가도 한국에서 사업이나 생활을 할 가능성이 크다. 미래의 가능성을 열어두기 위해서라도 한국에 대한 지식은 일정 수준을 유지해야 한다고 생각한다. 하물며 한국에 사는 아이들은 더욱 다양한 분야의 경험을 할 수 있도록 균형을 맞춰주어야 한다. 영어에만 올인하여 다른 영역을 살피지 않는 것은 위험하다. 사실 영어만 잘한다는 말은 존재하지 않는다. 언어를 구사한다는 것은 그 사람의 정신이 표현되는 것이기 때문이다. 어릴 때 영어만을 목적으로 올인하면 놓치게 되는 것들이 많아진다.

영어에만 치중하여 공부해 온 두 아이를 가르친 적이 있다. 제주도에서 살며 두 아이 모두 영어유치원과 국제학교에 다니다가 서울로 이사를 오게 되어 나와 만났다. 큰아이 D가 4학년 때 나와 만났고, 당시 작은 아이 H는 7살이었다. 두 아이를 만나며 눈에 띄었던 점은 집에 영어책은 있지만, 한글책은 없었다는 점이다. 영어에 대해 목마름이 남달랐던 어머니는 아이들이 국제학교를 졸업하면 해외에서 계속 공부를 하게 하려는 계획을 세우고 있었고, 국어는 사는 곳이 한국이니 자연스럽게 될 것으로 생각하고 있었다. 그러나 D가 초등 3학년 때 어머님의 계획이었던 해외 유학은 무산되었고, 서울로 올라와 시부모님과 함께 살게 되었다.

D는 한글책을 읽는 것이 영 서툴렀다. 영어만 공부하느라 한글책을 많이 읽어보지 않았으니 어찌 보면 당연했는지도 모르겠다. D는 글을 읽을 때 어디서 호흡을 쉬며 읽어야 하는지 구분하지 못했고, 그렇다 보니 글의 내용을 이해하기 어려워했다. 당연히 학교에서 교과서를 이해하기도 쉽지 않았고, 사회와 과학 과목이 추가되는 3학년 때부터는 교과서의 어휘까지 어려워져 학교 수업에 적응하기도 힘들어했다고 한다. 특히 과학은 실험관찰 교과서에 작성해야 하는 보고서가 많았는데 스스로 쓰기를 힘들어해 거의 베껴 쓰기 수준으로 작성했다고 한다.

동생 H도 크게 다르지 않았다. 7세까지 제주도와 서울에서 영어유치원을 다녀 한국어보다 영어를 더 많이 접하는 환경에 있었다. H는 한글보다 영어를 더 익숙하게 읽었다. 초등학교에 들어가서 교과서를 읽는 데 어려움이 있어 논술 공부의 필요성을 느껴 연락을 주셨다. 그 후로 몇 년간의 논술 공부를 통해 상당한 향상이 있었으나 어릴 때부터 고르게 공부해온 아이들에 비해 깊이와 속도가 더뎠다. 교과서를 읽을 때마다 배경지식이 없어 관련된 전반적인 사항을 모두 새로이 익혀야 했다. 초등학교 4학년 교과서 수록도서 『장기려』를 공부할 때였다.

"부산에서도 방첩 부대나 경찰 정보부 같은 국가기관의 기세는 등등했습니다. 평소 아니꼽고 싫은 사람을 간첩 누명을 씌워 죽여도 누구도 입을 떼지 못하는 무법천지였지요.

장기려가 간 곳은 삼일사라는 조사기관이었습니다. 반공이라는 이름 아래 수상한 자나 신원이 밝혀지지 않은 자를 납치해와서 꼬투리를 잡고 잔인하게 폭력을 행사하는 곳이었습니다.

"너 빨갱이지? 빨갱이 임무를 띠고 내려온 거지?'"

"왜 장기려가 갑자기 잡혀가게 된 걸까?" 논술 선생님의 질문에 대답하려면 6·25 전쟁과 당시 상황에 대한 이해, 장기려가 이북에서 부산으로 피난 내려왔다는 사실과 평양에 있었을 때는 김일성의 주치의였다는 배경지식도 필요하다. 이 다섯 문장을 오롯이 이해하기 위해 많은 배경지식이 필요한데 이러한 것들이 독서로 채워져 있지 않은 경우 하나하나 배워나가야 한다. 방대한 배경지식을 누군가의 설명으로 익히기란 사실 불가능에 가까워 결국 많은 양을 읽어야 한다. 독서가 습관화되지 않은 경우 많은 양의 읽기는 부담으로 다가오는 악순환이 반복된다. 이러한 패턴은 과학, 사회 등 학습의 모든 영역에 해당한다.

적어도 저학년 때는 다양한 분야의 한국어 독서가 반드시 필요하다. 아이가 초등 3학년이 되면 보습학원이나 학습지 등에 집중하기도 하는데, 이때에도 독서는 놓지 말아야 한다. 중·고등 시기 공부에 필요한 글의 양을 따라가려면 독서능력은 기본적으로 잡혀 있어야 한다.

나는 우리가 공부하는 목적이 지식을 머릿속에 많이 넣거나, 어느 한 과목에서만 뛰어나기 위함이 아니라 생각한다. 나는 아이들을 가르치며 이 아이들이 행복하기를 바란다. 다양한 분야의 공부를 통해 내가 무엇을 좋아하는지, 어떤 것을 할 때 행복한지를 알아야 한다.

다양한 분야의 지식을 공부하면 이를 통해 넓어진 시야로 자신만의 관점을 갖게 된다. 자신만의 새로운 시각이 밖으로 나오면 우리는 그것을 '창의적'이라고 부른다. 내 아이가 창의적 인재가 되기 위한 과정에서 영어는 도구로써 유용하게 사용될 수 있다. 영어를 목적으로, 영어에만 올인하면 다양하고 폭넓은 지식을 경험할 기회를 놓칠 수 있다. 학습에 있어 확장이 일어나고, 더 높은 단계로 박차고 나가야 할 고학년 시기에 아이가 디딜 땅이 없다면 막막해진다. 영어만을 위한 공부가 아닌 학습의 균형을 유지하자.

06

아이의 생각을
키우는
영어책 읽기

10여 년 전 학원에서 영어는 영어책을 읽으며 배워야 한다고 어머니들에게 이야기하면 돌아오는 반응은 냉담했다. "아니 영어를 배우려면 말을 해야지 무슨 글을 읽어요?", "일리가 있기는 한데 그래도 영어는 외국인한테 배워야 하지 않나요?"

당시 유행하던 영어마을이나 외국인이 수업하는 어학원이 정답이라고 생각하는 분위기였다. 하지만 요즘 영어 좀 한다는 친구들은 어학원을 다니면서도 영어책을 따로 챙겨 읽거나, 영어 도서관을 추가로 다니는 경우가 많다.

지금 내가 운영 중인 화상영어 독서 프로그램 〈리딩365〉는 회원의 3분의 1가량이 해외에서 국제학교에 다니는 친구들이다. 아프리카를 제외한 모든 대륙에서 회원들이 공부하고 있다. 미국과 캐나다에서도 수업을 받고 있는 친구들이 있다. 영어를 24시간 들을 수 있고, 학교에서도 영어를 배우는데 왜 굳이 온라인으로 영어수업을 또 들을까? 그 이유는 바로 책을 읽기 때문이다.

우리가 학교에 가서 국어 시간에 국어 교과서를 배우고 집에 돌아오면 집에서도 다양한 책을 읽어야 국어 실력이 올라간다. 그것처럼 미국에서 학교에 다니더라도 집에 와서 영어 독서를 해야 실력이 오른다.

미국 최고의 명문 고등학교 중에 토머스 제퍼슨 고등학교가 있다. 이 학교는 미국의 수능시험인 SAT 성적 1위를 차지하는 학교로 유명하다.[12]

이 학교에는 다른 학교에는 없는 'OR' 과제라는 것이 있다. 'OR'은 'Outside Reading'의 약자로 이 학교의 학생들은 1년 365일 내내 하루 한 권의 책을 읽고 분석과 감상을 글로 써서 제출해야 한다.

이 학교의 학생들이 미국에서 최고의 성적을 내는 비결이 바로 독서이다. 영어를 배울 때 영어책을 읽으며 공부하면 어떤 점이 좋은지 알아보자.

1. 이야기를 통해 즐겁게 배우며, 영어를 사용하는 나라의 문화를 이해할 수 있다.

한국은 영어를 성공의 수단으로 여겨 획득해야 할 목적물로 교육해왔다. 지금도 승진시험의 필수로 공인인증 성적표를 제출해야 하거나, 입학시험이나 입사시험의 순위를 가르기 위한 용도로 사용되고 있다. 유명 어학원에서는 초등 5학년부터 토플시험을 준비한다. 이러한 성적을 위한 영어 공부는 자유로운 의사소통 수단의 영어로써 활용되기가 어렵다. 국어 시험을 잘 보는 것이 자기 의견을 조리 있게 말하고, 원활한 의사소통을 할 수 있음을 의미하지는 않는다.

언어를 잘 사용하기 위해서는 그 언어가 사용되는 나라의 문화를 이해하는 것이 중요하다. 우리가 미국 드라마나 영화를 보며 문화를 알 수 있듯, 다양한 책을 읽으며 그 나라의 문화를 이해할 수 있다.

수업할 때 사용하는 도서 『The story of the Mayflower』[13]를 읽으면 더 나은 삶을 위해 미국으로 떠나온 영국인들의 초창기 삶을 알게 된다.
또한, 그들을 도운 인디언 원주민의 모습도 책을 통해 볼 수 있다. 『New Year Celebrations』[14]를 읽으며 나라마다 다른 새해맞이 문화를 알 수 있다. 우리나라에서 떡국을 먹고 세배를 하듯, 남미에서는 포도 열두

알을 먹으며 1년의 행운을 기원하고, 덴마크에서는 그릇을 깬다. 이러한 내용을 누군가에게 강의를 통해 배우려면 두세 시간을 앉아 있어야 할 것이다. 책을 읽으면 쉽고 즐겁게 배울 수 있다.

2. 글을 읽는 시간은 오롯이 영어에 노출되는 시간이다.

세계적인 언어학자 스티븐 크라센 박사는 언어를 배우기 위해서는 3,000시간의 노출이 필요하다고 말했다.[15] 즉 하루 8시간씩, 1년 365일 노출이 있다면 기본적인 의사전달이 가능하다는 말이다.

엄마표 영어의 성공 사례들을 보면 하루 3시간, 3년의 노출로 기본적인 의사소통이 가능해지는 사례들이 많다. 하루 3시간 독서를 통해 공부하는 것과 누군가의 지도를 받는 방식은 노출 시간 자체에 있어 엄청난 차이가 있다.

학원에 가면 본격적인 수업을 시작하기까지 최소 5~10분 정도가 소요된다. 출석도 점검하며 인사도 나누어야 하고, 가방에서 교재도 꺼내다 보면 그 정도의 시간은 금방 흘러간다. 누가 질문이라도 하면 질문을 하지 않은 다른 친구들은 기다려줘야 한다. 학원에서 매일 3시간씩 수업을 받는다 해도 실제로 아이가 영어에 노출되는 시간은 그에 훨씬 미치지 못할 것이다.

반면 책 읽기는 간단히 책을 꺼내 읽으면 된다. 언제 어디서든지 가방에서 책을 꺼내 읽기만 하면 오롯이 영어 노출 시간이 된다. 간편하고 저렴하고, 재미있기까지 하다.

3. 다양한 분야의 배경지식을 익힐 수 있다.

『Deep in the Ocean』[16]을 읽으며 바닷속에도 화산이 있고, 그 화산으로 뜨거워진 400도가 넘는 물에도 새우가 산다는 것을 알게 되면 아이들이 깜짝 놀란다.

『April Fools' Day』[17]라는 만우절에 관한 책을 읽으며 포악했던 왕에게 재산을 빼앗기고 싶지 않았던 백성이 정신병이 있는 것처럼 연극을 하던 것이 만우절의 기원이라는 사실에 대해 재미있어한다.

『Mighty Glaciers』[18]를 읽으며 빙하에는 2종류가 있다는 것을 알고 신기해한다.

마틴 루터킹, 간디, 에디슨 등 인물책을 통해 혹시라도 한글책에서 접하지 못했던 인물을 다시 한번 공부할 수 있고, 그 시대의 역사적 배경도 함께 배울 수 있다.

또한, 각 나라의 역사, 과학, 문화, 사회, 우리가 지켜야 할 매너, 심지어 요리법까지 책을 통해 배우지 못하는 것이 없다. 이 모든 내용을 스토리를 통해 익혀 기억에도 오래 남는다.

4. 암기하지 않아도 어휘수가 늘어난다.

강남의 한 초등 2학년 친구는 학원에서 하루 100개씩 단어시험을 보았다. 단어를 외우느라 하루 한 시간 정도 걸린다고 했다. 문제는 그렇게 시간을 투자해서 외운 단어는 금세 잊히고, 게다가 그 과정이 고통스럽다는 것이다.

언어학자 스티븐 크라센 박사의 저서 『읽기혁명』 34쪽에는 독서를 한 그룹이 단어를 기계적으로 암기한 그룹에 비해 더 높은 어휘력이 향상되었다는 결과를 제시하고 있다.

또한 독서를 하게 되면 이전에 보았던 단어가 다른 책에서도 다시 나오고, 다른 레벨로 수준이 올라가도 또 등장해 자연스러운 반복이 이뤄진다. 특히 챕터북처럼 시리즈로 구성된 책은 등장인물이 계속 연결되어 이해하기가 편하고, 일정한 어휘가 시리즈의 끝까지 자주 등장하며, 작가가 글을 풀어내는 스타일에 익숙해져 많이 읽을수록 점점 더 편하게 읽는 것이 가능해진다.

5. 영어책 읽기를 통해 생각하는 힘이 길러진다.

학원에서 수업을 받던 영어유치원에 다니는 친구가 내일 유치원에서 스피치 발표회가 있다며 도움을 요청했다. 발표할 원고는 이미 완성이 되어 있었다. 스피치는 사계절의 변화에 관한 이야기와 아이가 가장 좋아하는 계절, 그 계절에 하는 활동에 관한 내용이었다. 나는 듣는 이에게 전달이 잘되도록 발음과 끊어 읽기, 억양, 자연스러운 태도 등을 점검했다. 아이는 아주 잘했다. 연습을 끝내고 원고를 아주 잘 썼다고 칭찬을 해주니, 그건 유치원에서 나눠준 거라 했다. 봄을 좋아한다고 한 친구들은 모두 똑같은 글로 발표를 한다고 했다. 나는 잠시 멍해졌다. 내 생각을 글로 쓰고 발표를 하면 더 좋을 텐데, 하는 아쉬운 생각이 많이 들었다.

언어학습은 듣기, 말하기, 읽기, 쓰기의 네 가지 영역의 능력으로 이뤄진다. 종종 이 네 가지 영역을 공부하며 주어진 활동만을 반복하는 연습에만 그치는 경우를 많이 본다.

영어책 읽기는 언어의 4가지 영역에 생각하기가 추가된다. 아무리 말을 잘해도 생각 없이 말하거나, 아무리 글을 잘 써도 나의 의견이 없다면 그것은 언어를 잘 사용하는 것이라 볼 수 없다. 영어책을 읽는 공부방법은 일방적인 지식을 전달받는 수동적인 학습과 달리 매우 주도적인 학습방법이다. 자신이 좋아하는 책을 스스로 골라 읽으며 언어을 습득하고, 이미 읽었던 비슷한 다른 책과 연결해 생각하고, 그것을 바탕으로 나의 생각을 길러 나간다. 그림책 작가 안노 미쓰마사는 저서 『스스로 생각하는 아이』에서 이렇게 말한다.

"책을 읽는 것은 '마음의 체조'를 하는 일입니다.…책을 읽지 않아도 살 수 있습니다. 하지만 책을 읽으며 사는 사람은 같은 십 년을 살아도 이삼십 년을 산 것과 같습니다."

영어책을 읽지 않아도 영어를 배울 수 있습니다. 하지만 영어책을 읽으며 영어를 배우는 아이는 같은 영어를 배워도 생각하는 힘을 함께 기를 수 있습니다.

07

금방 까먹는 외우기,
기억에 오래 남는
영어책 읽기

'영어' 하면 단어 외우기가 자동으로 떠오르는 분들이 많을 것이다. 나 또한 사전을 찢어 먹으면서까지 단어를 외우고 싶었다. 심리학 교수인 김정운 교수는 독일 유학 시절 독일 학생들도 통과하기 어려운 구술시험을 책 한 권을 몽땅 외워 통과했다고 했다.

그 시험이 끝나고 시험장을 돌아 나오는 순간 암기했던 책 한 권은 어디로 갔는지 모두 잊었다고 방송에서 말한 적이 있다. 굳이 에빙하우스의 망각곡선 이론을 들지 않아도 우리의 뇌는 잘 잊도록 만들어져 있다는 데 모두 동의할 것이다.

캐나다에서 공부할 때 한국에서 아이를 데리고 조기유학을 왔던 언니와 함께 살았던 적이 있다. 그 언니는 아이를 보낼 학교를 알아보기 위해 벤쿠버 근방의 여러 지역을 돌아다니고 있었다. 그 언니가 학교를 둘러보고 다닌 던 중 하루는 교복을 입은 여자아이와 엄마를 만나게 되었고, 그 아이가 다니는 학교에 대해 이것저것 물어볼 기회가 있었다 한다. 그 아이는 근처의 사립학교에 다니고 있었고, 그 학교는 불어로 수업을 한다고 했다. 그 아이는 불어 단어를 외우는 것이 가장 힘들다고 했다고 한다.

대영박물관에는 3,000년 전 종이가 없던 시절 학생이 쓰던 노트와 같은 점토판이 있다고 한다. 그 점토판은 가운데에 줄이 그어져 있고, 왼쪽에는 수메르어가, 오른쪽에는 아카드라는 나라의 단어가 짝을 지어 정리되어있는 단어장이라고 한다.[19]

외국어를 배울 때 단어를 외우는 것은 동서양의 남녀노소를 막론하고 인류 공통의 과제가 아닐까 하는 생각을 한다.

외우면 잊는다는 것을 알면서도 우리는 마치 그 방법밖에 없는 듯 계속 외우기를 한다. 나의 중학생 아들과 고등학생 딸은 학교에서 보는 단어시험을 준비하기 위해 아직도 몇 시간씩 소비하지만, 시험이 끝나면 남은 것은 없었다. 경험상 암기한 것 중 5%도 머릿속에 남아 있지 않다. 그나마 남아 있는 것은 내게 중요한 정보였거나, 그것이 상당히 궁금했거나, 그것을 알았을 당시 다른 자극적인 무언가가 있어 감정이 건드려졌기 때문이다.

7개국어 언어 천재 조승연 씨는 저서 『플루언트』에서 단어에 대해 이렇게 말하고 있다.

"단어란 애초부터 사람의 감정을 담기 위해 만든 그릇 같은 것이어서 사람의 생각만큼 오묘하고 애매하다. 이 점을 받아들이는 방법을 배워야 한 단어가 가진 다양한 의미를 제대로 이해하고 머릿속에 오래 남길 수 있다."

저자는 단어에 익숙해지기를 마치 사람과 친해지는 것처럼 하라고 한다. 우리가 친하다고 말하는 사람은 10년, 20년 오래 사귀고, 그 사람과 함께 여러 상황의 다양한 경험을 함께 겪어본 사람들이다. 단어도 사람과 친해지는 것과 같이 오랫동안 함께하고, 여러 상황에서 경험해보라 한다.

나는 이것을 위한 가장 좋은 방법으로 영어책 읽기를 추천한다. 영어책을 읽으면 한 단어를 다양한 문장에서 만나게 된다. 여러 상황에서 단어를 경험할 수 있다. 자연스럽게 기억에 오래 남는다.

수업용 도서 『We're in Business』[20]에 이런 문장이 나온다.

'Kids Company (Kids Co.) was a national program of school companies run by students.'

'Kids Co. participants work together to learn and use the way of business to run successful projects….'

이 책 한 권을 읽으며 'run'이 '달리다'의 뜻으로만이 아닌 '회사를 경영하다'라는 의미와 '프로젝트를 운영하다'라는 의미로 쓰인 것을 문맥 안에서 감각적으로 느낄 수 있다. 'run'은 경영하다와 운영하다는 뜻이 있다며 암기만 하는 것과는 확연히 다르다. 단어를 이해할 때 친구를 사귀듯 여러 상황에서 만나고, 오래 사귀어야 한다. 이렇게 익힌 단어는 자연스레 기억하게 되고, 내가 꺼내서 쓰고 싶을 때, 말하고 싶을 때 사용이 가능하다.

캐나다에서 만난 Calvin이라는 친구가 있다. 지금은 한국에서 결혼해 아이도 낳은 아빠가 되었다. 이 친구가 한국에 온 지 얼마 되지 않았을 때 나에게 한글의 뜻을 물어본 적이 있다. '아깝다'가 무슨 의미냐는 것이었다. 나는 낭비하지 않는 것이라고 얘기해줬는데, 자기 생각엔 그런 뜻이 아니었다는 것이다. 자기가 쓰레기를 던졌는데 통에 들어가지 않았을 때 한국인 동료가 '아깝다'고 그랬다는 것이다. 쓰레기가 아깝다는 것인지 너무 혼란스러워 내게 물었던 것이다. 그러고 보니 버리기엔 '아깝다'는 것과 거의 성공할 뻔했는데 안 되어서 아쉽다는 의미의 '아깝다'를 나도 왜 '아깝다'고 하는지 설명하기가 참 어렵게 느껴졌었다. 내가 할 수 있는 것은 복권 1등의 숫자가 딱 하나 달라 2등이 되었을 때나 농구경기에서 1점 차이로 아쉽게 졌을 때 등의 예를 들어주며 정황을 설명해주는 수밖에 없었다. 물론 친구는 내 설명을 듣고 완벽하게 이해하지 못했다. 이 친구가 한국에서 살면서 '아깝다'의 상황을 몇 번 더 접한다면 정확히 이해하고 그 말을 쓸 수도 있을 것이다. 단 그러한 상황을 접한다면. 한국에 있는 동안 접하지 못할 수도 있다.

하지만 이 친구가 '아깝다'의 뉘앙스를 알려주는 글을 두세 번 반복해 읽어본다면 완벽하게 사용할 수 있는 상황을 이해할 수 있을 것이다. 영어책을 읽으면 의도적으로 경험에 노출이 가능하다. 또 여러 번 반복이 가능하다. 많이 만날 수 있고 다양한 상황에서 만날 수 있다. 자연스레 기억되고, 사용하고 싶을 때 꺼내 쓸 수 있다.

이런 경우가 캐나다에서 나에게도 있었다. 버스 정류장에 광고가 있었다. 우유 광고였는데 키 작은 남자가 우유와 함께 나란히 있고 'Don't take it for granted.'라고 크게 적혀 있었다. "'grant'는 '인정하다'니까 인정받았다고 여기지 말라는 의미인가? 뭘 인정받지? 우유 광고에 왜 저렇게 써 있는 거지?" 그 문장이 도대체 뭘 의미하는지 너무 궁금했다. 학교에 가서 선생님에게 물었다. 선생님은 "부모님이 계속 살아계실 거라고 생각하지 마, Don't take it for granted."라고 답해주셨다. 조금의 감을 잡았지만 마치 안개 속에서 헤매는 것처럼 느낌으로만 알고 있었다. 그러다 우연히 책 속에서 그 문장을 접하고 나서 정확히 알게 되었다. '당연하게 여기지 마!'라는 의미였다. 그 순간 그 광고가 확연히 이해되었다. 키가 작은 너 자신을 당연히 여기지 말고 우유를 먹고 키를 키우라는 광고였던 것이다. 나는 'take for granted'라는 말을 완벽히 이해했고 적재적소에 사용할 수 있게 되었다.

한국 아이들이 초등학교 3학년이 되면 갑자기 학과목을 어려워한다. 초등 3학년은 사회와 과학 과목이 추가되는 시기인데, 이 두 과목을 어려워하는 이유는 어휘가 어렵기 때문이다. 한국에서 태어난 초등학교 3학년은 성인과 지식의 양에만 차이가 있을 뿐 말은 오히려 어른보다 더 잘하기도 한다. 모국어가 완벽한 시기인 초등 3학년 한국의 아이들도 한글로 된 사회와 과학의 어휘 때문에 힘들어한다. 사회와 과학을 어려워하는 아이들의 대부분은 독서를 하지 않은 경우가 많다. 침식, 기화, 등고선, 경사면 등의 단어는 일상 대화에서 많이 사용하지 않는 단어이기에 낯설다. 독서를 많이 한 친구들은 사회와 과학에 나오는 내용을 이미 어디선가 읽어보았고 경험을 해보았을 확률이 매우 높다. 한글이 모국어인 경우에도 이러한데 영어는 의도적인 독서가 더욱 필요하다.

나는 사용할 수 있는 언어들이 모여 있는 공간을 '언어 pool(수영장)'이라 이름 지었다. 독서를 통해 많은 단어를 접하고, 많은 글을 만나면 이 '언어 pool'에서 자유롭게 헤엄치는 정보들이 많아진다. 독서 경험이 많은 아이들의 '언어 pool'에는 이미 헤엄치는 정보들이 많다. 필요한 배경지식을 건져 새로운 정보와 연결지어 쉽게 이해할 수 있다. 내 생각을 글이나 말로 표현해야 할 때 적절한 어휘 등 필요한 것들을 하나하나 건져내어 사용할 수 있다. 빠르게 잊어버리는 암기를 통해 들어온 정보는 이 '언어 pool'에서 오래 버틸 수 없다. 친구를 만나듯 오래 만나고, 다양하게 만날 수 있는 영어책 읽기를 통해 곳간에 양식을 채우듯 '언어 pool'을 가득 채우자.

3장

우리 아이에게 맞는
최적의 영어교육 방식
찾는 법

ENGLISH

01

무조건
많이 읽으면
되나요?

책을 많이 읽는 것을 '다독'이라고 말한다. 다양한 글을 많이 읽는 다독은 글과 말을 이해할 수 있도록 바탕을 깔아주는 작업과 같다. 다양한 정보가 배경에 많이 깔려있을수록 글을 읽을 때 더욱 빠르게 이해할 수 있다. 골프를 좋아하는 사람은 보기, 버디, 파, 퍼트 같은 단어에 익숙할 것이고, 골프 관련 책을 읽을 때 편하게 읽을 수 있을 것이다. 골프를 배운 적이 없는 나는 친구가 골프에 대해 이야기를 하면 집중하지 못한다.

배경지식은 꼭 읽기만이 아니라 일상 대화에서도 중요한 역할을 한다. 친구가 골프에 대해 이야기를 할 때 나는 모르는 것이 많아 계속 질문을 하고, 결국 대화의 흐름이 끊기게 된다. 친구와 나의 배경지식의 차이로 골프에 대한 깊이 있는 의견을 교환할 수 없다. 만약 이것이 취미 생활 같은 골프가 아니라 기본적인 교양이라 생각되는 내용이라면 '무식하다'라는 말을 듣기 십상이다.

OECD에서는 각 나라에 교육 정책 수립의 기초 자료 제공을 위해 15세 청소년의 읽기, 수학, 과학, 문제 해결력 등을 평가하여 발표하고 있다. 2018년도에 진행되었던 평가의 영역별 국가 순위 자료는 우리나라 국가 지표 홈페이지에서 볼 수 있다.[21]

발표된 평가시험의 읽기 영역에서 대한민국은 2~7위에 위치하고 있다. 평가에 참여한 국가가 79개국이었으니 대략 상위 6%로 우수한 성적이라고 볼 수 있다.

한편 2021년 6월 EBS 〈뉴스G〉에서는 '한국 청소년 디지털 문해력 OECD 최하위'라는 내용이 방송되었다. 이 프로그램은 OECD에서 2018년 실시된 평가를 바탕으로 「21세기 독자 디지털 세상에서 문해력 개발하기」라는 제목으로 발행된 보고서에 대해 언급하고 있다. 이 보고서는 2018년 평가에서 디지털 문해력만을 분석한 자료로 한국 학생의 디지털 문해력이 최하위에 위치한다고 보고하고 있다.

평가의 기준이 된 디지털 문해력이란 디지털 언어가 주는 메시지를 분석하는 능력으로, 평가에서는 스팸메일이나 온라인 보도자료를 보고 정확한 진위 여부를 판단하는 능력을 평가했다. 한국 학생은 읽기 시험성적은 최상위인 반면 디지털 문해력은 최하위라는 상반된 결과를 보여주었다. 결국, 한국의 아이들은 온라인에 떠도는 수많은 자료가 진실인지 아닌지 분별하지 못할 확률이 높다는 의미라고 볼 수 있다.

내가 미국의 읽기 프로그램으로 아이들을 가르치기 시작했을 때 함께 제공되는 워크시트에서 낯선 독후활동을 접하게 되었다. 그것은 'Fact(사실) and Opinion(의견)'을 구분하는 활동이었다. 이러한 활동은 아주 낮은 단계에서부터 시작된다.

동물들이 여러 가지 교통수단을 타고 가는 그림책 『Go Animals Go』[22]라는 책을 공부하면 'Reality(현실) and Fantasy(환상)'를 구분하는 독후활동을 한다.

좀 더 높은 단계의 도서 『Rock Climbing』[23]을 공부하면 사실과 의견을 구분하는 워크시트 활동을 하는데, 예를 들어 '암벽등반은 힘들고 피곤한 스포츠이다.'라는 문장이 사실인지 의견인지를 구분하도록 요구한다. 이보다 더 레벨이 올라가면 발견한 사실에 대한 근거를 글로 쓰거나, 나의 의견을 뒷받침하는 사실들을 글로 작성해보는 활동으로 발전한다.

현재 우리나라는 초등 4학년 국어 교과서 '일에 대한 의견' 단원에서 사실과 의견을 구분하는 내용을 다루고 있다. 초등 6학년 교과서에는 뉴스나 광고를 보고 정보의 타당성을 판단하여 자신의 뉴스 원고를 작성하는 단원이 있다. 사실과 의견을 구분하는 것은 '틀리다'와 '다르다'를 구분하는 것처럼 매우 중요하다. 이러한 능력을 발달시키는 것은 다양하게 읽는 것만으로는 부족하다. 뜻을 새겨가며 자세히 읽는 정독이 필요한 이유가 여기에 있다.

논술 교재의 저자인 남편이 6학년 친구들을 지도할 때의 일이었다. 초등 6학년 국어 교과서 수록도서인 『쉽게 읽는 백범일지』를 공부하고 있었다. 백범일지는 상해 임시정부의 주석이었던 백범 김구 선생이 남긴 독립운동의 기록을 담은 책이다. 아래는 일본이 항복을 하던 날의 기록이다.

"축 주석은 놀란 듯이 자리에서 일어나 중경에서 무슨 소식이 있는 듯하다며 전화실로 급히 가더니, 뒤이어 나오며 말했다.
"왜적이 항복한답니다!"
내게 이 말은 희소식이라기보다 하늘이 무너지고 땅이 꺼지는 일이었다."

『쉽게 읽는 백범일지』의 279쪽에 있는 이 문장을 읽은 초등 6학년 두 아이의 반응이 매우 달랐다. 한 아이는 주루룩 빠른 속도로 읽어 이미 다음 페이지로 넘어가 있고, 한 아이는 골똘히 한참 동안 생각을 하더니 질문을 했다.

"김구 선생님은 독립을 그렇게 바랐는데 왜 일본이 항복했다는 소식이 하늘이 무너지는 일인가요?"

당시 김구 선생은 일본과의 전쟁을 준비 중이었다. 일본과 한국이 싸워 이겨야 자주독립을 이룰 수 있다고 생각했던 선생은, 일본이 2차대전 패배로 항복하자 자주독립의 기회가 사라진 것에 대해 '하늘이 무너진다'고 느꼈던 것이다. 책에는 김구 선생이 '하늘이 무너지는 일이었다'고 언급한 이유에 대해 직접적으로 설명하고 있지 않아서 추론이 필요한 부분이었다. 어찌 보면 당연히 해야 할 질문이었다. 읽기 실력이 일정 수준 이상이 되면 이런 정독이 반드시 필요하다.

아기 때부터 영어환경에 노출이 되어있어 영어를 모국어처럼 자연스럽게 사용하지 않는 이상 영어를 익히는 초반에는 노출이 많이 필요하다. 나는 '노출폭탄'이라는 표현을 쓴다. 영어 공부 초기에는 '폭탄'처럼 노출을 많이 주어야 실력이 빨리 오른다. 그래서 내가 운영했던 오프라인 학원에서 공부했던 친구들은 하루 20권 정도의 책을 읽었다.

낮은 레벨은 문장의 개수가 열 개 내외로 적어 한 권을 읽을 때 1분이 채 걸리지 않는다. 20권이면 일주일에 100권, 한 달이면 400권 정도 된다. 이러한 다독 활동에 매일 한 권씩의 정독을 병행한다. 이렇게 병행을 하다 보면 재미있는 일이 벌어진다.

『We do not share』[24]를 공부하며 친구와 함께 나누지 않는 것, 예를 들면 칫솔, 시험지의 답, 비밀 같은 것에 대해 공부하고, 다독으로 읽은 『Mary Clare likes to share』[25]에서는 함께 나누는 것에 대해 읽는다. 아이들은 "오늘은 반대인 책을 읽었어요. 'share'는 금방 외워져요." 하고 귀엽게 얘기한다.

로켓이 대기권을 벗어날 때 대부분의 에너지를 사용하듯 영어실력도 일정 궤도에 오르기 위해 걸리는 시간과 노력이 더 많이 필요하다. 미국 3학년 수준의 챕터북을 읽기까지 걸리는 시간이 챕터북에서 해리포터를 읽기까지 걸리는 시간보다 두 배 정도 많이 든다. 다독을 많이 하는 친구들은 그만큼 시간을 단축할 수 있다.

챕터북을 읽을 수 있는 수준이 되면 하루 한 권 정도를 음원과 함께 들으며 읽도록 하고, 하루 한 권 정독을 유지해야 한다. 특히 이 시기부터는 픽션(이야기글)과 논픽션(지식전달글)의 균형을 맞춰주어야 한다. 이 밸런스를 맞추어 책을 선정하기가 쉽지 않은데 온라인 영어 도서관을 이용하면 편리하다.

무조건 많이 읽으면 되나요? 그렇다. 단 영어를 외국어로 배우는 한국에서는 정독을 병행할 때 비로소 많이 읽는 것의 효과가 나타난다. 26년 간 수천 명의 아이들을 관찰한 결과 미국 3학년의 읽기 수준까지는 다독 의 비중을 좀 더 높이고, 그 이후는 정독의 비중이 점차 높아질 때 실력 이 우상향으로 지속적으로 향상하는 것을 볼 수 있었다. 정독은 아이의 레벨에 맞는 양질의 도서를 하루 한 권 꼼꼼히 공부한다. 다독은 매일 꾸 준히 일정량을 유지한다. 영어독서는 참으로 정직하다. 내가 함께한 시 간만큼 실력으로 보답해준다.

02

영알못 엄마도
같이 크는
영어책 읽기

영어를 가르쳐온 나는 아이의 수학을 가르쳐야 할 시기가 되었을 때 몹시 불안했다. 나는 수학 전공자가 아니기에 아이를 내가 직접 가르칠 수 있다는 생각을 아예 하지 않았다. 사실 나는 학력고사 마지막 세대로 대입 학력고사 수학시험에서 주관식 1번 문제를 제외하고 만점을 받고 대학에 들어갈 만큼 수학을 잘했다. 그런데도 나는 수학을 잘 모르니 가르칠 수 없다고만 생각했었다.

그러던 어느 날 신문의 기사를 하나 보게 되었다. 최종학력은 중졸, 난

독증이 있어 한글을 모르고, 막노동이 직업인 아버지가 아들을 직접 가르쳐 서울대에 입학시켰다는 기사였다. 기사의 주인공 '노태권' 씨는 아내의 도움으로 한글을 떼었다 한다.

그는 EBS를 보며 먼저 자신이 공부를 하고, 아들을 직접 가르쳤다고 했다. 그의 두 아들이 모두 서울대에 4년 장학생으로 입학했다. 이 아버지는 정말 대단한 분이라는 생각과 함께 나는 이 분보다는 나으니 못할 것도 없겠다 싶어 용기를 내게 되었다.

수학을 그렇게 잘하던 나도 이렇게 고민이 되었는데 영어를 어려워하는 부모님들에게는 아이와 영어책을 읽는다는 말이 그저 남의 집 이야기로만 들릴 것 같다. 하지만 그냥 다른 사람에게 맡겨만 두어서는 나의 전철을 밟을 것 같은 두려움 또한 있을 것이 분명하다.

푸름이 교육을 실천하는 조은화 씨는 『나의 상처를 아이에게 대물림하지 않으려면』의 한 대목에서 이렇게 말하고 있다.

"사실 영어책이 있다는 것조차 아이를 낳고 처음 알았습니다. 처음에는 '나처럼 만들지 말아야지'에서 시작했습니다. 그렇게 중고 전집을 몇 날 며칠을 고민해서 골라 집에 들여놓고도 석 달을 못 읽어줬어요. 두려웠습니다. 영어라는 글자로 된 책은 마치 공원에서 갑자기 맞닥뜨린 외국인인 양 피하고 싶었거든요. '이걸 줘도 되나? 한글도 모르는 아이에게 괜히 줬다가 말더듬이 되는 거 아닌가? 자폐아 되는 거 아닌가?' 하는 두려움이 엄습했습니다."

영알못 엄마 조은화씨와 그녀의 남편, 영알못 아빠는 함께 아이들에게 영어책을 읽어주었다고 한다. 그녀는 어느 순간 그렇게 두렵던 영어를 밤새워 공부하며 좋아하고 있는 자신을 발견하게 되었다고 고백한다.

처음 접하는 것은 무엇이나 낯설고 두렵기 마련이다. 그래도 어른은 아이들보다 빨리 배울 수 있는 학습능력이 있으니 크게 걱정하지 않아도 된다. 아이에게 읽어줄 영어책을 엄마가 미리 읽어보고 공부하며 차근차근 해나가면 된다.

딸아이가 어릴 때 영어책을 읽어주다가 나도 모르는 단어가 나왔다. "엄마도 모르니 무슨 말인지 찾아보자." 했더니 아이가 영어 선생님 엄마도 모르는 게 있냐며 깜짝 놀란 적이 있다. "엄마도 영어를 배우는 사람인데 모르는 게 있는 게 당연하지." 말하고 함께 찾았다. 그렇게 함께 찾다 보면 은근히 같은 걸 배우는 친구 같은 마음이 들기도 한다.

수업용 교재 중 『Tiny Tugboat』[26]를 읽을 때 'tugboat'가 어떤 배인지 딸아이가 물었다. 책 속의 tugboat는 아주 작은 배인데도 크루즈를 끌기도 하고, 잠수함까지 끌고 가는 장면이 나와서 뭔지 궁금하다는 것이었다. 나도 tug가 끄는 것이니 끄는 배인가 정도로만 이해했지 정확히 알지 못해 아이와 함께 검색을 해보았다. 사전에는 '예인선'이라고 나와 있으나 아이가 이해하지 못했다. 나는 차가 고장 나 견인차를 탔었던 때를 기억해보라고 했고, 딸은 금방 기억하고 비슷한 거라고 이해했다. 그리고 바다에 놀러 갔을 때 튜브를 타고 있던 나를 끌어주었던 기억을 떠올리며, 어떻게 작은 배가 엄청나게 큰 크루즈 배를 끌 수 있는지도 이해했다. 아이와 공부하며 어른인 나도 배우는 부분이 많고, 아이가 어려워하는 부분은 쉽게 설명하는 도움을 줄 수 있어 아이와 엄마가 모두 성장할 수 있다.

나는 아이들을 가르치는 직업을 26년째 해오고 있다. 이 일을 시작했을 때 내가 알고 있는 것을 열심히 가르치는 것이 선생님의 사명이라고 생각해 그저 열심히 알고 있는 것을 가르쳤다. 내 아이를 낳고도 내가 배운 대로 열심히 지식을 전달하며 가르쳤다. 모르면 배워서라도 가르쳤다.

어느 날 학원에서 수업 준비를 열심히 하던 도중 불현듯 이런 생각이 들었다. '내 아이가 나에게서 잘 배운다해도 나 정도의 실력밖에 안 되지 않을까? 나보다 나으려면 어떻게 가르쳐야 하지?' 무엇을 가르칠까보다 어떻게 가르쳐야 할까를 위한 올바른 방법을 찾기 시작했고, 그러다가 만나게 된 것이 핀란드의 드림스쿨이었다. 드림스쿨의 창시자인 알란 슈나이츠 교사는 EBS와의 인터뷰[27]에서 이렇게 말했다.

"교사는 공간을 창조해야 합니다. 학생들이 공부할 분위기를 만들어야 하죠. 과거 교육과 미래 교육의 큰 차이점은 한 사람의 교사가 여러 학생을 지도하던 방식에서 벗어나 학생들이 효과적으로 그룹 활동을 하며 배우고 성장할 수 있도록 도와주는 데 있다고 생각합니다."

미래의 교육은 한 사람의 교사가 아이들을 가르치는 것이 아니라 아이들이 자신의 학습을 계획하고 성장할 수 있도록 멘토의 역할을 해야 한다는 것이다. 교육의 중심이 가르치는 것에서 배우는 것으로 이동한다고 덧붙였다. 선생님으로서 나의 역할은 내 머릿속의 지식을 잘 전달하는 것이 아니라, 아이가 스스로 배울 수 있도록 도와주고 환경을 조성해주는 일이라는 것을 깨달았다. 그리고 이것은 책을 읽는 독서교육을 통해 빛을 발한다. 단순히 글만 읽는 책 읽기가 아닌 대화를 통해 생각하는 힘을 기르고, 읽고 난 글을 아이의 삶과 연결하는 활동 속에서 배운다. 그것을 통해 아이의 삶이 점점 나아지게 된다.

수업 도서 『I broke it』[28]은 거짓말을 하는 것으로 잘못을 피하려던 주인공의 감정이 어떠했는지, 어떻게 솔직하게 자기의 잘못을 고백하며 문제를 해결하는지에 대한 이야기이다. 이 책을 공부하던 2학년 여자아이는 언니가 자기가 잘못해놓고 내가 그랬다고 엄마한테 거짓말했던 적이 있다며 억울했던 경험을 이야기하기도 한다. 자기는 절대 언니처럼 하지 않을 거라고 야무지게 말한다.

『How to make lemonade』[29]를 읽으며 레모네이드를 만드는 방법도 배우지만, 마지막 페이지에 나와 있는 '알렉스'라는 아이에 대한 글도 함께 읽어본다. 알렉스는 네 살 된 소아암 환자로 레모네이드를 팔아 모은 2,000달러를 암 연구를 위해 기부했다. 아이와 함께 책에 적혀 있는 알렉스의 홈페이지를 방문하고, 지금은 하늘나라에 있는 알렉스를 위로하며 편지를 써보기도 한다.

집에서 아이와 영어책을 읽으며 부모님이 완벽한 발음과 정확한 영어 지식으로 아이들을 가르쳐야 한다는 부담감은 느끼지 않아도 좋다. 완벽한 원어민의 발음이 담긴 음원을 아마존에서 몇천 원이면 구입할 수 있으며, 해외 유명 배우가 책을 읽어주는 유튜브도 있다. 가르친다는 생각보다는 아이와 함께하는 데 초점을 두면 아이는 '배우는 방법'을 배울 것이다. 그것이 드림 스쿨, 미래 교육이라 생각한다.

영알못 엄마 뿐 아니라 수포자 엄마도 아이와 함께 공부하며 함께 큰다. 게으름을 피우고 싶을 때 아이를 생각하며 참는다. 학창시절 같았으면 대충 보고 넘길 것도 아이에게 알려주기 위해서 꼼꼼히 공부한다.

'To teach is to learn twice.'[30]

'가르치는 것은 두 번 배우는 것이다.'라는 명언처럼 아이와 영어책을 읽으며 아이와 함께하는 부모가 더욱 성장한다. 가르치는 것이 아니라 함께 배운다.

3세 아이 vs 10세 아이,
공부법이
다르다

나의 어머니는 세 살 때 이북에서 피난을 내려오셨다. 어려서부터 공장을 다니며 돈을 벌어 동생들을 돌보느라 학교를 다니지 못하셨다. 배우지 못한 것이 한이었던 친정어머니는 60세 되던 해 마포구에 있는 Y 주부학교를 다니시며 만학의 기쁨을 느끼셨다. 큼지막한 네모 칸이 그려진 공책에 열심히 단어를 쓰셨다. 내가 문장을 읽으면 잘 듣고 그 공책에 받아쓰기를 하곤 했었다. 어머니가 학교에 다니기 시작한 처음 몇달 동안에는 글자를 어떻게 읽는지를 익혀가는 재미가 아주 좋다고 하셨다. 하지만 몇 달 지나 한글을 모두 읽을 수 있게 되자, 읽고 공부하는 내용이 너무 어렵거나, 흥미가 없어진다 하셨다. 전쟁을 겪고 피난을 내려와 이를 악물고 자식들을 키워낸 어르신에게 사회 과목에 나오는 '홍수, 가뭄 등 피할 수 없는 자연 현상으로 일어나는 피해를 자연재해라고 한다'는 문장은 그리 흥미를 일으키지 못한다. 나이 드신 어르신들이 공부할 때 어려운 점이 이러한 점이다. 나이가 있어 암기력이 떨어지는 것보다도, 이미 세상 풍파를 모두 겪어 한 권의 도서관과도 같은 인생을 살아오신 분들께 초등 아이들이 배우는 교과서의 내용은 그리 흥미가 있지 않은 것이다.

무언가를 배울 때 흥미가 있으려면 공부하는 내용이 물리적인 연령대의 인지 수준에 맞아야 한다. 6학년 아이들에게 2학년 국어 교과서에 나오는 『소가 된 게으름뱅이』는 흥미를 불러일으키는 내용이 아니다. 이는 또한 반대로 1학년 아이들에게 6학년 교과서에 나오는 『난중일기』가 그다지 흥미롭지 않은 것과 같다. 영어 공부도 똑같다. 나이에 맞는 내용이어야 아이가 재미있게 꾸준히 공부할 수 있다.

10세 아이에게 'It's a banana.'는 재미있지 않다. 반면 3세 아이에게 길고 노란 맛있는 과일의 이름이 한글로도 '바나나', 영어로도 '바나나'라는 것은 매우 흥미진진한 신세계인 것이다.

특히 영어책 읽기는 이 연령별 인지수준이 상당히 중요하다. 읽는 책의 내용이 아이의 연령대 안에 있어야 즐거운 독서가 가능하다. 이 말은 한국의 3세 아이에게 미국의 세 살 아이가 읽는 책을 읽어줄 때, 한국의 10세 아이가 미국 초등학교 3학년 수준의 책을 읽을 때 가장 재미있게 볼 수 있다는 의미이다. 이때의 관건은 10세 한국 친구가 미국 초등 3학년 수준의 영어책을 읽어낼 수 있는 실력이 있는가에 달려있다. 만약 그렇지 않다면 미국 3학년 수준의 영어책을 읽어낼 수 있는 실력으로 빠르게 올려야 한다.

영어를 잘하지 못하는 5학년 여자친구 S가 있었다. S는 한 페이지에 네다섯 문장이 있는 수준의 책을 겨우 읽었다. S는 해리포터 덕후로 영화를 수십 번 반복해서 보고, 두꺼운 해리포터 한글책을 학교에 들고 다니며 읽던 친구였다. 어느 날 학원에 있던 해리포터 영어책을 읽어보겠다며 도전했다. 해리포터는 네다섯 줄의 영어책을 읽는 수준으로는 읽을 수 없는 어려운 책임이 분명하다. 하지만 S는 수십 번 봤던 영화를 떠올리며, 번역된 한글책과 비교하며 읽어보았다. 물론 많이 읽지는 못했지만, 앞부분만 공부했음에도 실력이 훌쩍 올랐다. 7개국어 언어천재 조승연 씨도 저서 『영어공부의 기술』에서 쉬운 책에 익숙해지면 어려운 책을 도전해보기를 제안한다. 어려운 책을 공부하면 처음에는 마치 벽 앞에 서 있는 듯 어려움이 느껴진다. 하지만 그 벽을 넘어선 순간 영어 실력이 쑥쑥 오르는 것을 느낄 수 있다.

아이가 3세 때 영어를 시작한다면 이 시기의 가장 성과가 좋은 영어 공부법은 부모님이 영어책을 많이 읽어주는 것이다. 아이가 태어났을 때 아이가 알아들을 것이라 믿고 끊임없이 말을 해주는 것처럼 그저 들려준다는 목적으로 많이 읽어주자.

엄마가 읽어주는 목소리와 표정, 느낌을 가지고 책의 그림과 글을 보며 조금씩 영어를 이해해간다. 나이가 어릴수록 영어에 노출될 수 있는 시간적 여유가 있으니 차근차근 영어책 읽기를 해주면 한국 아이가 4세 때 미국 4세 수준의 영어책 이해가 가능해지고, 5세가 되면 5세 수준의 영어책을 이해할 수 있다. 아이가 영어책을 스스로 읽을 수 있기 전까지 꾸준히 읽어주기만 하면 연령대에 맞는 영어책 수준을 이해할 수 있는 실력에 도달할 수 있다.

3세에 영어를 시작하는 아이에게는 영어책 읽어주기와 함께 영어의 리듬을 온몸으로 받아들일 수 있는 영어 동요도 많이 들려주자. 영어 동요를 들으면 영어의 운율과 리듬을 자연스럽게 받아들일 수 있고, 무엇보다 즐겁다. 아이와 함께 몸을 흔들며 흥얼거릴 수 있다.

나는 〈We Sing〉이라는 동요집을 정말 좋아한다. 맨 처음 이 CD를 들었을 때 깔끔하지 않은 음질과 낯선 목소리를 듣기가 거북스러웠다. 하지만 들으면 들을수록 귀에 감기고 몸을 흔들며 흥얼거리게 되는 희한한 매력이 있다.

책과 노래를 동시에 해결할 수 있는 프로그램으로 '노래 부르는 영어동화 (노부영)'를 추천한다. 300여 권의 아름다운 그림책을 노래와 함께 들을 수 있다. 기초 단어와 문장을 익힐 수 있고 문화, 유머까지도 경험할 수 있다. 노래를 들으면 그림책의 장면이 떠올라 연상하기에도 아주 좋다.

이 시기에 잊지 말아야 할 것은 반드시 한글책 읽어주기를 함께 해주어야 한다는 것이다. 나는 내 아이가 3세 때 아이에게 읽어준 영어책의 두 배 분량의 한글책을 읽어주었다. 3세 나이는 한글도 폭발적으로 성장해야 하는 시기이기 때문이다. 아이는 커가면서 다른 어떤 언어보다도 모국어인 한글로 말하는 것에 익숙해야 하고, 한글을 읽는 것도 익숙해져야 한다. 탄탄한 모국어가 자리를 잡고 있어야 그 바탕 위에 외국어가 쌓일 수 있다.

하버드 출신의 노벨 문학상 수상자 T.S.엘리엇은 탄탄한 모국어인 영어를 바탕으로 1910년, 단 1년간 프랑스어를 배워, 프랑스어 시를 썼고, 그 실력을 인정받아 여러 차례의 큰 상을 수상하기도 했다. 모국어가 탄탄히 받쳐줄 때 외국어도 빠르게 습득할 수 있다는 증거와도 같다. 때로 영어 말하기가 늘지 않는다고 걱정하는 부모님이 있는데, 아이가 모국어인 한국어로 어떻게 말하는지를 살펴보면 영어도 크게 다르지 않다는 것을 어렵지 않게 알게 될 것이다.

만약 아이가 10세에 영어를 처음 시작한다면, 3세 아이와는 다르게 접근해야 한다. 내가 여기서 10세라고 언급하는 이유는 10세는 모국어가 완성되었음을 나타내는 상징적 의미임을 밝힌다. 모국어가 완성된 경우 모국어를 사다리 삼아 영어를 더 빠르게 학습할 수 있다. 특히 음성을 듣고 활자화하는 받아쓰기가 가능한 경우 영어의 읽기 규칙인 파닉스를 빠르게 익힐 수 있다. 소리를 듣고 단어를 쓰거나, 알파벳을 보고 소리로 전환하여 읽어내는 작업을 빠르게 학습할 수 있다. 빠른 경우 일주일이면 파닉스를 마치고, 대부분 늦어도 한 달이면 읽기 규칙을 끝내고 읽기가 가능해진다.

나는 파닉스를 가르치는 동안 하루 5~20권 정도의 영어책 읽기도 함께 진행하는데, 이렇게 공부하면 파닉스가 끝날 때 즈음 한두 줄짜리의 얇은 동화책은 편하게 읽을 수 있다. 앞에서 언급했듯 10세 친구들은 미국 학년 기준 초등 3학년 수준의 책을 읽어야 흥미가 높아져 영어 공부를 지속할 힘이 생긴다. 그래서 빠르게 그 정도의 실력에 오르게 해야 한다. 다행히 10세는 3세에 비해 인지력이 뛰어나 학습한 내용을 빠르게 인지할 수 있어 속도가 빠른 장점이 있다. 『Because You Recycle』[31]이라는 재활용에 관한 책을 3세 아이에게 읽어주는 것과 10세 아이가 읽는 것은 속도 면에서 확연히 다르다.

10세는 모국어가 아주 익숙한 상태로 이 시기에 반드시 병행해야 할 활동은 한글책을 깊이 사고하며 읽고, 글을 써보는 것이다. 초등 저학년의 모국어 독서는 다독, 많이 읽는 것에 초점을 두고 고학년은 꼼꼼히 읽으며 생각하고 글을 써보기를 추천한다. 이렇게 깊게 사고하는 모국어는 영어 발달의 뒷배경이 되어줄 것이다.

같은 출발점에서 영어 공부를 시작하더라도 아이의 연령에 따라 공부 방법이 조금씩 다르다. 3세 아이에게는 영어책과 한글책을 많이 읽고, 동요를 들려주면서 영어 실력을 올린다. 아이가 3세, 4세로 커가면서 미국 기준 3세, 4세가 읽는 수준의 책을 읽도록 도와주면 된다. 그 나이대 아이들이 좋아하는 책들이 그 수준에 많기 때문이다.

10세 아이가 영어 공부를 처음 시작한다면 이미 완성된 모국어를 발판 삼아 읽기 규칙을 빠른 시간 내에 익히고 영어책 읽기와 듣기에 매진한다. 이때 모국어는 깊이가 더할 수 있도록 생각을 나누고, 그 생각을 글로 써보는 작업을 꼭 해주기 바란다.

04

아이에게 시키기 전
엄마가 먼저
경험해라

딸아이 윤아가 네 살 때 교습소를 시작했다. 당시 수업에 스피킹을 향상시켜줄 수 있는 프로그램을 찾고 있었다. 컴퓨터로 훈련하는 말하기 프로그램이 한국에 출시되었다.

영어뿐 아니라 불어, 중국어, 일어, 독일어, 스페인어 등 거의 모든 언어의 버전이 출시되어 전 세계 많은 사람이 공부하고 있다고 광고했다. 제품의 가격이 100만 원이 넘어 부담스럽기는 했지만, 컴퓨터에 CD를 넣어 공부할 수 있어서 교습소에 설치하기도 간단해 보였다.

그 프로그램은 단계별로 말하기를 가르치는데, 가장 첫 단계는 하나의 단어로 시작한다. 두 번째 단계는 다른 단어를 하나 추가하고, 세 번째 단계는 단어를 하나 더 붙여 점차 문장으로 완성해 암기를 유도하는 방식이었다. 예를 들어 첫 단계에서 'a boy'를 공부하면, 두 번째 단계는 'I', 세번째 단계는 'I am a boy'를 공부하는 방식이다.

단계마다 다양한 퀴즈가 있어 자연적으로 암기가 되도록 고안되어 있었다. 각 단계를 마치고 다음 레벨로 올라가기 위해서는 음성인식 테스트를 통과해야만 했다. 이 음성인식 테스트는 원어민의 발음과 학습자의 발음을 비교한 그래프가 시각적으로 표현된다. 학습자는 내가 어떤 발음 부분에서 얼마나 다르게 했는지, 속도가 빠른지 느린지를 그림으로 쉽게 확인할 수 있었다. 아이들이 이 프로그램으로 공부할 때 스스로 자신의 틀린 부분을 점검할 수 있다는 것은 큰 장점 중 하나였다. 선생님이 아이들에게 틀렸다는 말을 많이 하면 아이들의 학습의욕이 떨어질 수 있기 때문이다.

당시 교습소에서 나는 학생들 한 명 한 명을 개별로 지도하며 과외식 수업을 하고 있었다. 선생님과 아이 일대일로 수업을 진행하다 보니 학생 한 명에게 소요되는 시간이 길어져 많은 학생을 지도할 수 없었다. 하지만 컴퓨터를 기반으로 말하기를 훈련할 수 있는 프로그램을 활용하면 더 많은 아이를 지도할 수 있었다. 한 아이가 말하기 훈련을 하는 동안 다른 아이와 수업을 계속 진행하는 것이 가능했다. 원장 혼자 수업을 해야 하는 교습소의 특성상 운영에도 많은 도움이 될 수 있는 프로그램이었다.

이 프로그램은 비싸다는 단점이 있긴 했지만, 장점이 더 많게 느껴졌다. 나는 이 프로그램을 구입해서 교습소에서 말하기 수업시간으로 활용하기로 결정했다.

교실에 컴퓨터가 보이기 시작하고, 마이크도 세팅되며 달라진 교실 모습에 아이들이 관심을 보이기 시작했다. 아이들은 게임처럼 진행되는 새로운 수업에 흥미를 보였고, 말하기 훈련 시간이 되면 스스로 컴퓨터 앞에 앉아 큰 소리로 발음을 하며 열심히 공부했다.

한 달 정도 지나자 컴퓨터로 달려가던 아이들의 발걸음이 점점 늘어지기 시작했다. "그냥 책을 읽으면 안 되나요?"라고 말하며 말하기 훈련을 슬슬 피하는 것이었다. 레벨이 올라가니 어려워서 그럴 거야, 하고 아이들을 다독여 다시 자리에 앉히면, 아이들은 마지못해 연습을 이어갔다. 그렇게 재미있어하던 아이들의 반응이 시큰둥해진 이유가 궁금했다.

나는 아이들이 하는 것과 똑같이 컴퓨터 앞에 앉아 헤드셋과 마이크를 켜고 공부를 해보았다. 역시 내가 생각했던 대로 재미있고, 어렵지 않게 다양한 표현을 익히고, 말할 수 있게 해주는 좋은 프로그램이었다. 특히 마지막에 진행되는 음성 테스트에 나오는 그래프는 내가 어느 부분을 잘못 발음하는지 정확히 보여주었다. 틀린 부분을 열심히 연습해서 레벨을 통과하면 마치 게임 한 판을 깬 듯 은근한 성취감까지 느껴졌다.

'아무 이상이 없어 보이는데 아이들이 왜 싫어할까? 재미있는데…혹시 내가 아이들보다 영어를 잘하니까 쉽게 느껴져서 그런 건 아닐까?' 하는 생각이 들었다. 나는 아이들의 기분을 그대로 느끼기 위해 다른 언어로 다시 한번 시도해봤다. 그 프로그램은 여러 언어가 출시되어 다른 언어의 체험을 무료로 할 수 있었다. 나는 중국어를 선택하고 가장 낮은 단계를 클릭했다.

단 10분 만에 아이들의 기분을 고스란히 느낄 수 있었다. 첫째로 화면에 나오는 중국어 글자가 익숙하지 않아 내게는 모두 비슷비슷하게 보였다. 각 카드를 구분하려면 소리를 잘 듣고 기억해야 했다. 글자도 모두 비슷해 보이는 데다, 발음도 처음 듣는 소리여서 정신을 바짝 차리고 있어야 했다. 어린아이들은 나처럼 의식적으로 집중해서 듣기가 쉽지 않았을 것이다. 아이들이 긴장하며 힘들었을 것 같았다.

프로그램의 두 번째 단계에서는 난이도가 좀 더 높아져 글자와 그림을 따로 떨어뜨린 뒤, 소리를 듣고 알맞은 그림과 글자를 연결하는 게임을 해야 했다. 첫 단계에서 배웠던 네 개의 단어를 반복하며 익히는 연습이었다. 나는 화면에서 나오는 소리를 듣고, 비슷하게 생긴 글자가 의미하는 그림을 찾아야 했다. 도무지 생각이 나지 않아, 전 단계로 돌아가 다시 듣고 오기를 여러 번 반복했다. 전 단계로 돌아갔다 오는 사이 의욕은 뚝뚝 떨어졌다.

가장 큰 문제는 가장 큰 장점이라고 생각했던 음성인식 테스트였다. 주어진 단계의 공부를 잘 마치고 다음 단계로 올라가기 위해서는 음성 테스트를 통과해야 했다. 이 단계 정도까지 오면 공부한 내용은 거의 암기가 되어 발음만 잘 하면 통과가 될 것이었다. 나의 중국어 음성인식 테스트가 시작되었다. 들리는 문장을 그대로 따라 하는 가장 쉬운 부분부터 통과가 되지 않았다. 원어민의 그래프와 나의 그래프가 거의 일치할 만큼 잘했을 때도 통과가 되지 않을 때는 슬슬 짜증이 나기 시작했다. 한 아이가 녹음하다 울었던 적이 있었는데 왜 그랬는지 이해가 갔다.

이 프로그램이 요구하는 발음의 정확도가 매우 높은 것이 문제였다. 음성인식 그래프가 원어민의 발음과 90% 이상 아주 정확히 할 때만 통과할 수 있었다. 학습을 위해 아주 좋은 장점이었지만 아이들처럼 발성이 아직 정확하지 않거나, 목소리가 충분히 크지 않을 땐 잘못 인식되는 경우가 많았다.

이 말하기 훈련 프로그램의 에피소드를 겪으며 아이들에게 무언가를 시키기 전에는 반드시 내가 먼저 직접 경험을 해보고 적용하기로 했다. 어떤 것의 가장 좋은 장점이 가장 나쁜 단점이 될 수 있다는 것을 알게 되었다.

10년 전 내가 영어 도서관을 세워 운영했을 때의 일이다. 쾌적한 환경에서 책을 점점 더 많이 읽는 아이도 있었지만, 읽는 양이 점차 줄어드는 반대의 아이도 있었다. 이번에도 내가 먼저 경험을 해보자 생각하고 아이의 입장에서 읽어보았다. 불쑥불쑥 튀어나오는 모르는 단어들과 발음을 어떻게 해야 할지 몰라 당황스러워하는 아이들이 느껴졌다. 요즘은 유튜브를 검색해 거의 모든 책의 음원을 들을 수 있지만 10년 전에는 영어책의 음원을 구하기가 쉽지 않았다. 아이들을 위해 음원을 구입한 뒤, 찾아 듣기 편하게 비치해두고, 수백 권의 책에 단어장을 만들어 이 문제를 해결했다.

이 외에도 처음 영어를 배우는 아이들의 실력을 빨리 끌어올리기 위해 내게는 낯선 언어인 스페인어 기초 책을 읽으며 일정 수준까지 실력을 빠르게 올릴 수 있는 수업방식을 개발하기도 했다. 아이들이 경험할 과정을 내가 미리 거쳐보면 아이들이 언제 힘들어할지 알게 된다.

우리는 누가 재미있는 영화를 알려달라고 하면 내가 본 영화 중에서 재미있는 것을 추천하지 않는가? 누군가에게 무언가를 추천할 때 우리가 이미 경험해보고 마음에 드는 것들만 추천한다. 그러나 아이가 공부할 것은 이상하게도 남이 좋다는 것을 그냥 시킨다. 싫다고 해도 남들이 좋다고 하니 억지로 시키기까지 한다.

아이에게 어떤 책을 읽히고 싶다면 엄마가 먼저 읽어보자. 아이와 엄마표 영어를 해보고 싶다면 엄마표 영어로 엄마 먼저 공부해보자. 아이가 겪게 될 경험을 미리 해보면서 아이의 감정을 이해할 수 있다. 엄마가 알면 아이가 어려워할 때 격려를 해줄 수 있고, 슬기롭게 넘어가도록 조언을 해줄 수 있다. 또 그 어려움을 해결할 방법을 찾게 되어 성과를 더욱 높일 수 있다.

05

읽을수록
더 읽게 되는
마태효과

뉴스를 보면 부자들은 더욱 부자가 되고 가난한 사람은 점점 더 가난해지고 있다고 한다.

미국의 사회학자인 로버트 킹 머튼(Robert King Merton) 교수는 '가진 자는 더욱 많이 가지게 되고, 없는 자는 더욱 빈곤해지는 현상'을 분석하고 설명하면서 "무릇 있는 자는 받아 풍족하게 되고 없는 자는 그 있는 것까지 빼앗기리라."라는 성경의 마태복음 25장 29절에 착안하여 '마태효과'라는 용어를 만들었다. [32]

이 마태효과는 아이들의 교육에도 정확히 들어맞는다.

아이들과 공부하는 도서 중 『Volcanoes』라는 책이 있다. 그 중 한 문장을 살펴보자.

"The magma heats the surrounding ground and the water, creating geysers and hot springs."[33]

대부분의 아이들은 이 문장을 공부할 때 'geyser'라는 단어를 몰라 잠시 멈춘다. 나도 이책을 통해 처음 알게 된 단어이다. 뜻을 알기 위해 사전을 찾아본다. 'geyser'가 '간헐천'이라는 뜻이 있다는 것을 알게 된다. 간헐천이라는 것이 무엇인지 한국어로도 모른다. 내가 가르쳤던 고1 남학생은 간헐천이 무엇인지 정확히는 모르지만 공부할 것이 너무 많으니 그냥 '간헐천,간헐천…'을 10번 반복하고 암기하겠다고 말하며 넘어가려 했다. 우리는 이런 식으로 영어를 공부하고 있다. 이 아이를 붙잡아 함께 국어사전을 찾아봤다. 아래는 네이버 국어사전에 나와 있는 간헐천에 대한 설명이다.

간헐천 2 間歇泉 [간:헐천]
명사 지구 일정한 간격을 두고 뜨거운 물이나 수증기를 뿜었다가 멎었다가 하는 온천. 화산 활동이 있는 곳에서 많이 나타난다.
유의어: 간헐온천

국어사전의 이 정의를 읽어도 머릿속에 명확하게 인식되지 않는다. 네이버를 검색해 간헐천의 사진도 찾아본다.

간헐천의 사진을 보니 내가 어릴 때 일요일 아침에 TV에서 나오던 만화 〈톰과 제리〉가 생각난다. 고양이 톰이 생쥐 제리를 잡아먹으려고 쫓아가면 항상 땅에서 물기둥이 솟았다. 톰은 물기둥에 밀려 하늘 높이 올라가고, 제리는 땅에서 톰을 놀리는 장면으로 만화는 끝이 났었다. 나는 그 물기둥은 상당히 뜨거운 물이고, 그런 온천을 '간헐천'이라고 부른다는 것을 이 책을 보고 알았다.

우리 뇌의 신경세포는 세포들끼리 만나 정보를 교환하며 성장해간다. 나의 뇌는 새로 접하게 된 '간헐천'이라는 정보를 기존의 정보, 즉 '톰과 제리'의 정보와 연결하여 일종의 길을 만든다.

나는 얼마 뒤 『Yellowstone: A place of wild wonders』[34]라는 책을 아이들과 공부하게 되었다. 이 책은 미국의 옐로스톤 국립공원에 대한 논픽션 도서이다. 미국의 옐로스톤 국립공원은 기둥처럼 솟아오르는 간헐천으로 유명하다. 이 책에는 간헐천이 무엇이고, 그것이 어떻게 생기게 되었는지에 대한 설명과 함께 아름다운 간헐천의 사진과 풍경, 홍보 포스터, 구경하는 사람들의 모습까지도 자세히 보여주고 있다. 이 책을 통해 기존에 있던 간헐천에 대한 정보는 '톰과 제리'를 벗어나 더욱 확장되게 된다.

이 과정은 누군가 한번 지나갔던 숲속의 오솔길이 등산로가 되는 것과 같다. 더 많은 사람이 다닐수록 점점 더 길이 넓어지게 되는 것이다. 앞으로 간헐천에 대한 정보가 더 자주 반복되거나 확장되게 되면 뇌세포가 만나는 길이 점점 더 튼튼해지게 된다. 이러한 과정을 '미엘린화'라고 하는데, 프랑스의 실험인지심리학 교수인 스타니슬라스 드앤은 그의 저서 『우리의 뇌는 어떻게 배우는가』에서 이 미엘린화에 대해 아래와 같이 설명하고 있다.

"우리는 뭔가를 배울 때, 새로운 시냅스가 폭발적으로 늘면서 신경세포들 역시 수상돌기와 축삭돌기라는 새로운 가지를 뻗는다. 시냅스와는 별도로 유용한 축삭돌기들이 자신을 미엘린이라는 피복으로 감싸는데, 이는 절연을 위해 전선을 감싸는 접착테이프와 비슷하다. 축삭돌기가 더 많이 사용될수록 이 피복은 더 많은 층을 형성하고, 그 결과 절연 효과도 좋아져 더 빠른 속도로 정보를 전송할 수 있게 된다."

무언가를 배우면 생기게 되는 뇌세포의 가지들, 이 가지들의 끝에 있는 시냅스들이 서로 만나 정보를 교환하게 된다. 이 정보가 가지를 지나 시냅스까지 이동할 때, 정보가 중간에 새어나가지 않도록 보호하는 물질로 가지를 보호하는데, 이 물질이 바로 미엘린이다. 마치 등산로를 개발하여 포장도로로 만들고, 점점 더 많은 자동차가 지나다니면 고속도로로

만드는 것과 같다. 우리의 뇌가 정보를 전달하는 길을 오솔길에서 고속도로로 바꾸는 미엘린, 바로 이 미엘린이 마태효과를 일으키게 된다.

미엘린이 없는 신경세포의 경우 정보의 손실이 많다. 마치 귓속말로 소리를 전달하는 게임처럼 처음 전달한 말과 마지막에 전달되는 말이 다를 수 있듯이, 정보가 왜곡될 수 있다. 또 정보가 느리게 전달되어 이해력이 느려진다. 이해가 안되니 재미가 없어지고, 흥미가 떨어져 더 안 읽게 되는 악순환이 반복된다.

반대로 읽기를 많이 한 뇌세포는 미엘린화가 가속화되고, 미엘린으로 감싸 빨라진 뇌세포는 더 많은 정보를 처리할 수 있어, 더 빠르게 읽게 된다. 더 빠르게 읽으면 더 많이 알게 되고, 더 많이 알게 되면, 더 재미있어지고, 또다시 더 많이 읽게 되어 미엘린화를 증가시키는 선순환을 하게 된다. 읽을수록 더 많이 읽게 되는 것이다.

또 책을 많이 읽은 경우 이미 저장되어 있는 정보가 많다. 따라서 새로운 정보가 들어왔을 때 그 내용을 분석하기 위해 많은 에너지를 사용할 필요가 없다. 뉴로사이언스에서 출판한 『영어책 읽는 두뇌』에서는 이에 대해 이렇게 이야기한다.

"유창하게 이해하는 뇌는 그렇게 많은 노력이 필요하지 않다.…단어를 잘 알면 노동집약적인 방법으로 분석할 필요가 없어진다.…유창하게 독서하는 아이의 뇌는 1밀리세컨드의 시간 여유가 생길 때마다 점점 더 많은 은유, 추론, 유추와 감정과 경험적 배경 지식의 통합을 배우게 된다. 독서 발달 과정상 최초로 다른 방식으로 생각하고 감정을 느낄 수 있을 만큼 뇌가 빠르게 회전하기 시작하는 것이다."

'간헐천'을 처음 들어본 아이와 여러 번 접한 아이가 소비하는 에너지의 양이 다르다. 공부할 때 여유가 있는 아이들은 질문을 한다. 해석을 하느라 온통 신경을 쓰고 있는 아이는 질문을 할 만한 여유가 없는 것이다. 사실 무엇을 모르고 있는지조차 파악이 안 된 경우가 더 많다.

'고기도 먹어본 사람이 많이 먹는다'는 말이 있듯이 책도 많이 읽어본 아이들이 더 많이 읽는다. 잘 읽을수록 읽기에 소모되는 에너지가 줄고, 더 쉽게 더 많이 읽을 수 있게 된다. 더 많이 읽을 수 있는 아이는 지식을 더 많이 얻게 되고, 지적능력이 향상되어 더욱 똑똑해진다. 읽으면 읽을수록 더욱 영리해지고, 읽지 않을수록 격차는 더더욱 벌어지게 된다. 그러니 우리 아이들은 어떻게든 많이 읽게 해야 한다.

06

아이의 수준과
취향에 맞는
영어책 고르기

교습소를 운영한 지 2년쯤 되던 때 좀 더 큰 건물로 확장하게 되었다. 회원이 많이 늘어 7평짜리 교습소가 좁기도 했지만, 넓은 공간으로 옮긴 진짜 목적은 책이었다. 나는 당시 아이들에게 수업이 끝나고 나면 하루 최소한 다섯 권의 책을 읽고, 독서통장에 자신의 독서기록을 남기도록 했었다. 목표에 도달하면 작은 선물을 주며 격려했다. 좁은 공간에 책이 많으니 책을 고를 때 아이들끼리 이리저리 몸을 부딪쳐 불편했다. 또 영어 공부를 할 때 크게 소리를 내며 해야 하는데, 좁은 공간에 퍼지는 글 읽는 소리가 소란하게 느껴지기도 했다. 아이들이 좀 더 쾌적한 공간에서 편안히 책을 읽게 하고 싶었다. 당시 내 아이들이 6세, 4세 때여서 학원의 아이들과 함께 다양한 책을 읽을 수 있을 것 같았다.

새로운 장소로 옮긴 학원은 공간을 절반으로 나누어 영어 도서관으로 꾸몄다. 캐나다에서 봤던 교실의 모습처럼 아이들이 편안하게 책을 읽을 수 있도록 매트도 깔아두고 알록달록 의자와 테이블을 배치했다. 예쁜 책의 표지를 보고 흥미를 느낄 수 있도록 표지가 보이도록 책을 배치할 수 있는 전면책장을 여기저기 두었다. 기대했던 대로 아이들은 편안한 공간에서 수십 권의 책을 쌓아두며 읽었다.

문제는 나의 아들이었다. 아들은 공룡을 무척 좋아해 공룡이 나오는 책만 보려 했다. 책을 많이 읽히려면 공룡이 나오는 책을 적어도 하나는 끼워 넣어야 읽힐 수 있었다. 그렇다 보니 당시 도서관에 있던 2천여 권의 책 중 내 아들이 본 책은 100권 정도에 불과했다.

또 여자아이들이 좋아하는 책과 남자아이들이 좋아하는 책이 달랐다. 아이들의 기호마다 선택하는 책이 달랐다. 어떤 아이는 글자체가 마음에 들지 않는다고 하기도 하고, 다른 아이는 주인공이 '쥐'라서 무섭다고 하기도 했다.

아이의 취향에 맞는 책을 알려면 아이를 관찰해야 한다. 아이를 낳고 아이와 모든 시간을 함께한 엄마이기에 잘 알 것으로 생각하지만 그렇지 않은 경우도 많다. 학원에서 학부모님과 상담을 할 때 내가 본 아이의 특징을 얘기하면 몰랐다며 깜짝 놀라는 경우가 많았다. 아이를 관찰할 땐 마치 새 친구를 만나듯 관찰해야 한다. 나의 생각을 넣지 않고 받아들여야 한다. 나의 경우 냉장고에 종이를 붙여놓고 아이를 관찰한 내용을 그대로 적어보기도 했다. 그렇게 관찰한 결과는 아이와 함께 사소한 결정을 할 때도 도움이 되는 자료가 되었다. 여행을 갈 때도 아이가 좋아하는 주제의 박물관이 있는 지역을 택하거나, 미술 프로그램을 고를 때도 아이의 성향에 맞추어 선택할 수 있었다. 영어책 읽기를 시작할 때도 이렇게 관찰한 내용을 토대로 아이가 좋아할 만한 도서를 추천해주면 된다.

도서관에 가서 아이가 좋아하는 책을 스스로 고르도록 하는 것도 좋다. 요즘 도서관은 영어책이 단계별, 장르별로 다양하게 갖춰져 있다. 규모가 큰 공공 도서관은 영어책만 별도의 층으로 관리를 하기도 하고, 전문 사서 선생님도 있으니 도서관이 처음이라 낯설다면 도움을 받아도 좋다. 동네의 도서관마다 각각 다른 영어책들이 있으니 여러 도서관을 순회하며 책을 보는 것도 좋다. 마음에 드는 책을 골랐다면, 아이가 고른 책과 비슷한 종류, 같은 작가 혹은 같은 주제의 책을 추가로 넓혀 나가면 된다. 아이가 좋아하는 한글책이 있다면 동일한 책의 영어 버전을 찾아 흥미를 돋을 수 있다. 나의 딸 윤아는 뽀로로를 좋아해 뽀로로 영어버전도 많이 보았으며, 고등학생인 지금까지도 뽀로로의 루피를 아주 좋아한다.

취향은 아니더라도 읽히고 싶은 책이 있으면 엄마가 추천을 해주면 된다. 나는 쉬운 책들만 읽으려는 아이들에게 소설을 읽히고 싶었다. 아이들이 좋아할 만한 쉬운 소설로 로알드달의 『The Magic Finger』를 골랐다. 이 책은 두께가 얇고, 문장도 간단하며, 무엇보다 스토리가 아주 재미있다. 이런 책을 추천해 줄 때 그냥 '읽어보자'고 하면 흥미도 없는 데다, 종이는 거칠거칠 질감이 좋지 않고, 글자도 작아 읽지 않을 확률이 높다. 아이에게 추천하고 싶은 책이 있다면 엄마가 먼저 읽어보고, 엄마가 흥미 있게 읽은 부분을 아이들에게 재미있게 소개해준다. 아이들은 이야기가 궁금해져 집중해서 읽는다.

영어책은 거의 모든 도서의 난이도를 수치로 측정해 두어 간단하게 인터넷으로 조회할 수 있다. 영어책의 난이도를 표시하기 위한 여러 체계가 있으나 우리나라에서는 '렉사일 지수'와 'AR 지수'가 가장 대중적으로 사용되고 있다.

렉사일 지수는 미국의 교육기관인 '메타메트릭스'에서 개발한 지수로, 책의 난이도를 측정해 100L, 500L, 780L 등으로 표기된다. 영화로도 만들어진 『샬롯의 거미줄』은 렉사일 지수 680L, 『해리포터』 1권은 렉사일 지수 880L이다. 렉사일 지수는 2,000에 가까울수록 어려운 책이라고 볼수 있다. 우리나라 2022학년도 수능시험에서 가장 어려웠던 문제는 34번으로 렉사일 지수 1590L이었다.[35]

AR 지수는 미국의 교육회사 '르네상스 러닝'에서 분석한 평가도구로, 각 도서마다 알맞은 연령대와 학년을 표기하는 지수이다. 『샬롯의 거미줄』은 AR 지수 4.4, 『해리포터』1권은 AR지수 5.5인데, 5.5는 미국 기준 5학년 5개월 수준의 아이들이 볼 수 있는 책이라는 의미이다. 각각의 지수를 파악할 수 있는 미국의 사이트가 있으나, 간단히 우리나라의 인터넷 영어서점인 〈웬디북〉사이트를 이용하기를 권장한다. 거의 모든 영어책의 난이도를 AR 지수별, 렉사일 지수별로 구분해 정리해두어 수준별 도서를 찾기가 매우 편리하다.

아이의 AR 성적과 렉사일 점수를 알기 위해서 인터넷에 유료로 시험을 응시할 수 있는 회사들이 있으니 활용해보아도 좋다. 렉사일 시험은 화상영어 독서 프로그램 〈리딩365〉 블로그에서도 신청할 수 있다. 이 평가 시험은 인공지능 기반 AI 시험으로 진행되며 영어 전문 팀장님의 영역별 피드백이 함께 제공된다.

무료로 렉사일 성적을 알아보기 위해 사이트 www.testyourvocab.com에 접속해도 좋다. 접속 후 화면에 뜨는 단어 중 알고 있는 단어들을 체크하면 최종 점수가 나오는데, 이 점수를 10으로 나눈 수치가 아이의 렉사일 지수이다. 예를 들어 최종 점수가 '3,700'이면 렉사일 지수는 '370'이라고 보면 된다.

영어책의 종류는 크게 스토리북, 리더스, 챕터북, 소설 등으로 나눌 수 있다.

리더스는 수준에 맞는 읽기 연습을 목적으로 제작되어 레벨별로 구분이 잘되어 있다. 리더스의 다음 단계인 챕터북과 소설은 난이도가 잘 정리되어 있어 온라인 서점에서 살펴보고 아이의 점수에 맞는 책을 읽도록 하면 된다.

스토리북은 그림책으로 어린 아이들부터 성인 학습자까지도 애용하고 있다. 스토리북은 다른 부류의 책들과 달리 문장이 많지 않아 쉬워 보이지만 문학적 특징이 있어 적절한 수준을 정확히 맞춰 읽기가 난해하다. 스토리북은 중간중간 글의 운율을 맞추기 위해 단어의 라임을 맞추어 배치하거나, 함축적 의미를 가진 어휘의 사용, 재미를 더하기 위한 말놀이 등이 포함되어 AR지수나 렉사일 지수에 꼭 맞게 읽히지 않는다. 스토리북은 파닉스를 들어가기 전 0~7, 8세까지 충분히 듣고 읽도록 해주면 본격적인 읽기 공부를 할 때 실력이 탄탄하고 빠르게 올라갈 수 있다.

'백인백색'이라는 말이 아이들에게는 맞지 않아 보인다. 아이들은 시시

때때로 좋아하는 것이 달라져 '백아이천색'처럼 느껴진다. 딸아이 윤아는 국어 교재를 고를 때도 질문이 존댓말로 되어 있는 것만 골랐다. 그래서 남편은 논술 교재를 집필할 때 제시문장을 '~하시오'가 아닌 '~하세요'로 써야 했다. 아이들은 어른이 생각하지도 못한 부분에 신경을 쓰고 있을 수 있다. 내 아이가 어떤 분야에 관심이 있고, 어떻게 변하고 있는지를 평상시 잘 관찰하고 있어야 한다. 아이에게 읽히고 싶은 책이 있다면 엄마·아빠가 먼저 읽어보고 유튜버처럼 맛깔나게 리뷰를 해주자.

07

알파벳부터
해리포터까지
로드맵

인터넷을 보면 옆집 아이는 뉴베리 작품을 읽고, 뒷집 아이는 해리포터를 읽는다는 소리가 난무하다. 내가 본 7세 아이는 해리포터와 비슷한 수준의 책인 『The Land of Stories』를 화상영어 선생님에게 꼭 읽어보시라고 추천하기도 했다. 하지만 우리나라 대학교육을 받은 성인 중 얇은 영어 소설책 한 권도 편히 읽지 못하는 사람이 셀 수 없이 많다.

삶의 모든 영역이 그렇듯이, 영어 공부도 지금 할 수 있는 활동을 꾸준히 하는 것이 실력 올리기의 핵심이다. 그 활동에 투자하는 시간이 많으면 그만큼 그 기간이 짧아지는 정직한 결과를 보여준다. 항아리에 물을 채울 때 하루 한 바가지씩 넣어도 되고, 하루 열 바가지씩 넣어도 된다. 돈을 들여 수도를 연결해서 채워도 된다. 하지만 대부분의 부모는 한 바가지씩 부으며 수도꼭지를 튼 듯 빨리 채워지기를 바라는 욕심을 낸다. 그 욕심 때문에 더 좋다는 프로그램과 솔깃하게 홍보하는 학원을 기웃거린다. 결국 같은 수준의 단계를 뱅글뱅글 맴돌게 된다.

화상영어 독서 프로그램 〈리딩365〉에서는 알파벳 단계부터 해리포터까지 일곱 단계로 나누어 도달할 수 있도록 디자인했다. 단계별 추천도서는 한눈에 볼 수 있도록 부록으로 첨부하였다.

숲을 보호하기 위한 그린벨트, 해양을 보호하기 위한 블루벨트처럼 아이의 읽기를 유지하기 위해 나는 이 참고도서 목록을 '리딩벨트 Reading Belt'라고 부른다. 이 리딩벨트는 영어 독서에 뜻이 있는 원장님들이 함께 모여 아이들이 좋아했던 도서를 모아 만들었다. 이 지면을 빌려 함께 작업했던 원장님들께 감사의 마음을 전한다. 리딩벨트에는 〈리딩365〉 화상 독서수업을 할 때 추가적으로 읽어야 할 도서를 정리해두었다. 이 표를 볼 때 참고할 사항은 아래와 같다.

1. 하루 한 권의 정독을 지킨다. 〈리딩365〉 화상 독서 프로그램의 영어 책은 가장 낮은 단계 레벨의 경우 각 도서 당 총 문장 수가 여덟 개로 양

이 많지 않다. 이 여덟 개의 문장은 오프라인 교재로 제공되는 단어장과 함께 공부한 후, 외국인 선생님과 읽어보며 생각을 나누고, 독후 활동까지 진행한다. 이렇게 25분간 공부하고 나면 대다수의 아이들은 암기가 될 정도로 반복이 이뤄진다. 집에서도 똑같이 진행할 수 있다. 아이가 오늘 고른 책에 새로 나오는 단어를 살펴보고, 아이와 책을 읽고 생각을 나누고(부모가 영어가 자유롭다면 영어로 해주면 좋다.), 독후 활동을 하면 된다. 수업 흐름은 블로그에 다양한 단계의 예를 공개해 두었으니 참고하자.

2. 리딩벨트의 도서는 독립읽기가 아닌 집중듣기로 진행한다. 집중듣기란 음원을 들으며 글자와 소리를 일치시키면서 듣는 활동을 말한다. 하루 한 권의 정독과 하루 30분 이상의 집중듣기를 통한 다독이 병행되어야 원활하게 목표에 도달할 수 있다.

3. 영상노출을 꾸준히 하면 정체기가 없다. 영어를 가르치다 보면 아이들의 수준이 어느 순간 마치 높은 계단을 맞닥뜨린 듯, 다음 레벨로 올라가기까지 잠시 멈추는 정체기가 오는 것을 관찰하게 된다. 다른 아이들과 달리 이러한 현상이 없었던 친구가 있었다.

8세 남자친구 K의 어머니는 대치동의 수학강사였고, K 또한 수학 쪽으로 발달해 영어보다 수학을 비중 있게 가르쳤다. K는 내가 운영하던 공부방에 알파벳만 알고 있는 상태로 영어를 처음 시작했다. 나는 당시 공부방에서 독서교육을 하고 있었고, 수업시간을 정독과 다독, 영상 노출 세 부분으로 나누어 지도하고 있었다. 처음 영어를 시작해 챕터북을 읽기 전까지 정말 많은 노출이 필요하기에 나는 아이들이 원하기만 하면 공부방에서 3시간이고 4시간이고 원하는 만큼 머물며 책과 영상을 보도록 했었다. K는 거의 매일 나와 함께 퇴근했다. 수업이 끝나면 서너 시간 동안 영화를 보고 집으로 갔다. K는 다양한 영상을 모두 본 뒤, 영화 〈트랜스포머〉에 빠지면서 50번가량 그 영화만 보았다.

또 다른 남자친구 M은 공부방 수업이 끝나면 항상 다른 학원에 가야 한다며 영상을 보지 않고 바쁘게 움직였다. M은 문장 수가 조금 늘어나는 정도인 한 단계만 수준이 올라가도 올라간 단계에 안착하는데 한 달 정도의 시간이 걸렸다. 반면 K는 정체기 없이 빠르게 챕터북을 읽는 수준까지 올라갈 수 있었다. 글밥이 많이 늘어나도 어렵지 않게 이해하고 읽어낼 수 있었다.

4. 챕터북에 진입하는 1차 고비 시기에는 하루 한 권의 챕터북 집중듣기를 하도록 한다. 리딩벨트의 G3 단계가 초등학생이 넘어야 할 이 고비에 해당하는 단계이다. 이는 미국 3학년 수준의 읽기 실력이다. 영어유치원 친구들을 관찰한 결과 3년차 졸업하는 친구들은 일반적으로 이 수

준의 레벨이다. 이 정도 단계를 읽고 이해할 수 있으면 중학교 3학년까지의 내신은 만점이 나온다.

내가 이 단계를 고비라고 부르는 이유는 이 단계에 빨리 도달할수록 영어가 편해지기 때문이다. 같은 시간을 공부해도 열 배 이상의 노출이 가능하다. 기본 문장의 형태를 익히 알고 있는 상태라 부피가 두꺼운 책도 어휘만 확보되면 어려움 없이 읽기가 가능하다.

영문법도 이 시기에 해주는 것이 좋다. 이때 배우는 문법은 그동안 흩어져 있던 상태의 문법 지식이 정리되는 기회가 된다. 외우지 않고 정리한다.

이 시기부터 하루 한 권 챕터북 읽기와 정독을 병행하면 평균 1.5~2년 안에 해리포터를 읽을 수 있다. 챕터북을 많이 들을수록 레벨업에 가속도가 붙어 리딩벨트의 속도보다 빠르게 실력이 올라간다.

5. 아이가 쉬운 단계에 안주하려고 할 때 살짝 레벨을 올려준다. 〈리딩 365〉 화상영어 독서 프로그램은 각 단계가 아주 미세하게 구분되어 있다. 레벨 간의 차이가 심하지 않아 연이은 단계가 비슷한 수준처럼 보인다. 하지만 2~3단계가 지난 뒤 공부한 내용을 돌아보면 글의 양과 주제, 문장의 길이 등에 있어 아주 많은 차이를 느끼게 된다. 그래서 집중듣기

를 꾸준히 하는 친구들은 레벨을 2단계씩 올라가는 친구들이 많다. 하지만 그렇지 않다면 아무리 늦어도 100권 정도의 도서를 정독하게 되는 3~4개월마다 레벨을 한 단계씩 올려주는 것이 좋다.

발달 심리학자 비고츠키는 아이들의 인지발달 과정에 대해 근접발달과 발판화 개념을 이용해 설명했다. 아이의 현재 발달 수준에서 능숙한 타인의 도움을 받아 성장할 수 있는 영역을 근접발달영역이라 하고, 이때 능숙한 타인, 대체로 부모 혹은 교사의 도움이 발판과 같은 역할을 해 아동의 발달을 촉진한다는 이론이다. 〈리딩365〉 수업의 경우 아이의 수준보다 조금 더 도전적인 레벨을 외국인 선생님의 도움을 받아 공부할 수 있다. 집에서는 부모님이 발판의 역할을 충분히 해줄 수 있다.

사실 무엇을 읽을 것인가보다 더 중요한 것은 실행력이다. 내가 관찰한 수천 명의 아이 중 영어를 잘 하는 아이들은 성실히, 꾸준히 공부했다. 노력해서 애써서 공부한 것이 아니라 일정량을 꾸준히 습관처럼 하는 아이들이었다. 그 일정량을 학원에서 하건, 집에서 하건 그것은 크게 관계가 없었다. 다만 학원에서 하기 힘든 독서 부분을 집에서 꾸준히 해주었을 때 성과가 있었다.

처음부터 스스로 알아서 공부하는 아이는 없다. 자리를 잡아 습관이 되기까지 부모님의 역할이 중요하다. 때로는 아이의 성실함이 부모님의 성실함과 같아 보이기까지 한다. 예외가 많고, 이유가 많으면 무엇이건 끝까지 해내기가 어렵다. 성실함이 습관으로 자리 잡을 때까지만 부모님이 아이와 함께하며, 습관형성을 방해하는 장애물을 제거해주는 데 신경을 써주면 좋겠다.

4장

영어실력
올리는
화상 영어 독서법

ENGLISH

- 01 -

전 세계를
다 뒤져 찾아낸
최고의 프로그램

나는 학교 시험을 잘 보기 위해 밤새 단어를 외우고 문제집을 풀고, 교과서를 외웠지만, 고등학교를 졸업하며 나는 '쓸모 있는' 영어를 다시 배워야 했다. 영어회화 학원도 다니고, 토익 점수를 따기 위해 새벽부터 줄을 서기도 했다. 그렇게 공부해도 외국인과 유창하게 말을 하지 못하고, 영어 소설 한 권 자유롭게 읽지 못했다. 영어 공부는 마치 빨리 달려가 남들보다 먼저 따먹어야 하는 줄에 매달린 과자 같았다. 내 아이의 영어가 한 번 먹고 끝나는 과자가 되게 하고 싶지 않았다. 영어를 공부하는 시간이 고스란히 아이의 삶에 남기를 바랐다. 실력이 되는 영어 공부, 끝까지 남는 영어 공부가 되기를 바랐다. 그러기 위해 찾은 방법이 바로 영어책 읽기였다.

나는 학원의 아이들에게 좀 더 영어다운 책을 읽혀주고 싶은 마음에 한국에서 출판된 도서가 아닌 미국의 영어책 프로그램을 구입했다. 그 프로그램은 수준별 도서 30권씩 26단계, 총 780권의 도서로 구성되어 있었다. 그 프로그램으로 가르치기 시작하면서 몇 가지 문제가 발생하였는데 그중 하나는 30권이 매우 적은 양이라는 것이었다. 낮은 레벨의 도서는 글이 많지 않아 조금만 공부를 하면 하루에 30권을 모두 읽는 친구들이 많았다. 그렇다고 높은 단계로 올라가기에는 실력이 충분하지 않았다. 수업을 위해 더 많은 책이 필요했다.

점차 원생이 많아져 교습소에서 학원으로 확장을 하며, 넓어진 여유 공간에 영어 도서관을 함께 오픈했다. 캐나다에서 공부할 때 사 왔던 책들, 강사로 근무하며 틈나는 대로 구입했던 책들을 모두 모으니 대략 2,000권 정도 되었다. 여기서 또 다른 문제가 생겼다.

아이들을 가르치기로 마음먹고 영어 도서관을 오픈한 모든 이유가 내 아이를 잘 가르쳐보고자 한 것이었는데, 동준이를 제외한 다른 아이들만 열심히 읽었다. 6세 동준이는 좀비와 공룡만 좋아했다. 좀비와 공룡이 나오는 책은 영어 도서관에 있는 2,000여 권 중 100권도 채 안 되었다.

좀비와 공룡이 나오는 책을 찾아 교보문고를 주말마다 가고, 인터넷을 뒤져 해외주문으로 구입하기를 몇 달 했더니 통장이 텅텅 비어갔다. 돈도 돈이지만 무엇보다도 그런 내용의 책은 양이 많지 않아 충분한 영어 노출을 하기에는 턱없이 부족했다. 학원의 아이들도 좋아하는 책이 각자 달라 모두를 만족시킬 수 있는 다양한 책을 원했다. 나는 훨씬 더 많은 책이 필요했다.

미국에서 들여온 영어책 프로그램은 한 레벨당 30권으로 양이 적다는 것 외에 몇 가지 문제가 있었는데, 그중 가장 큰 것은 아이들이 계속 나를 찾는다는 것이었다. "선생님, 이거 어떻게 읽어요?"

한 아이마다 십여 번씩, 80명의 가까운 아이들이 물어보니 수업을 진행할 수가 없었다. 정확한 발음을 알 수 있도록 모든 도서의 음원이 있어야 했다. 하지만 모든 한글책에 녹음된 음원이 있는 것이 아니듯 영어도 마찬가지였다. 그래도 아이들의 학습을 위해서는 모든 도서의 음원이 있는 프로그램을 찾아야 했다.

또 다른 어려움은 그 영어 프로그램의 책을 읽은 후 아이와 함께 공부할 수 있는 독후활동지가 없다는 것이었다. 우리가 한글책을 읽고 나서 모든 책의 독후활동을 하지는 않지만, 영어는 여러 번의 반복을 통해 습득하는 과정이 반드시 필요하다. 독후활동 워크시트는 도서의 내용을 다양한 방법으로 지루하지 않게 복습을 하게 하는 효과가 있다. 워크시트 활동을 하면 책의 내용을 여러 번 반복해서 보게 된다. 아이들은 자연스럽게 반복되는 독후 활동을 하는 동안 간단한 문장을 통째로 외우기도 한다. 또 공부한 내용의 핵심적인 부분을 곱씹어보며 생각할 수 있는 시간이 독후활동이기에 나는 책 읽기보다 독후활동을 더 중요하게 여긴다. 책만 읽고 지나가는 독서는 기억이 그리 오래 남지 않는다. 영어책 780권의 독후활동지를 만드는 것은 혼자 힘으로는 불가능했다. 나는 모든 책의 워크시트가 있는 프로그램이 필요했다.

나는 캐나다에서 돌아온 뒤 오로지 더 빠른 영어 공부방법, 더 효과 있는 영어 공부방법을 찾아 고민하며 아이들을 가르쳤다. 지금 생각해보면 내가 학원의 아이들만을 가르치기 위해 그 일을 했다면 그렇게 미친 듯이 하지는 않았을 것 같다. 내 아이를 가르칠 방법이기에 집요하게 찾아다녔다.

10년 전 우리나라는 자기 주도 학습법이 엄청나게 유행하며 온갖 학원 프랜차이즈가 우후죽순 생겨나고 있었다. 그 안에서 영어 독서로 교육사업을 한다는 것은 사실 용기도 필요했다. 그래도 내 아이에게는 영어책을 읽혀야 했기에 내가 원하는 시스템을 찾아 전 세계 모든 나라의 영어책 프로그램을 모두 뒤졌다.

내가 찾는 영어책 프로그램의 조건은 이러했다.

첫째, 책이 아주 많을 것

둘째, 모든 도서의 음원이 있어야 할 것

셋째, 모든 도서의 독후활동지가 있어야 할 것

많은 책이 필요한 나는 오프라인 종이책은 감당이 되지 않을 것 같아 온라인으로 볼 수 있는 e북 시스템을 찾기 시작했다. 당시 온라인 영어도서 프로그램들은 허접하기가 그지없었다. 정말 없는 걸까 포기해야 하나 싶을 때 마지막으로 눈에 들어온 프로그램이 있었다. 이제 막 온라인 사업을 확장해 가려는 미국의 회사였다. 10년이 지난 지금도 나는 이 프로그램보다 더 좋은 시스템을 찾지 못했다. 내가 운영하고 있는 〈리딩365〉 화상영어 독서수업도 이 프로그램으로 진행하고 있다.

이 프로그램은 내가 원하는 모든 조건에 부합했다. 도서는 약 3,000권이 탑재되어 있고, 모든 책의 음원은 온라인 어플을 통해 패드와 핸드폰으로 편하게 들을 수 있다. 모든 도서마다 각 도서의 학습목표에 맞는 독후활동지가 풍부하게 제공되어 다양한 영역의 독후활동이 가능하다. 또한, 공부한 도서의 이해도를 측정할 수 있는 퀴즈까지 있어 시험대비도 가능하다. 더 좋은 점은 이용자가 선생님인 경우, 모든 책을 출력해 제본할 수 있도록 미국에서 파일을 제공해준다는 것이다. 수업을 위해 책을 사지 않아도 되고, 아이들과 출력한 책으로 비용부담 없이 공부할 수 있다. 무엇보다 가장 좋은 점은 이용료가 1년에 3만 원 정도로 엄청나게 저렴하다는 것이다. 나는 이보다 더 좋은 프로그램을 알지 못한다. 단 하나의 단점이라면 자료가 모두 영어로만 제작되어 있다는 것이다. 나는 몇 년에 걸쳐 한국 아이들이 편리하게 볼 수 있도록 단어장을 만들어 수업에 사용하고 있다.

나는 이 미국의 회사가 전 세계 영어를 배우고자 하는 사람들을 위해 지대한 공헌을 하고 있다고 생각한다. 한때 이 프로그램을 한글책으로 만들고 싶다는 생각까지 했다.

나는 독서수업의 축을 두 가지로 놓고 지도한다. 꼼꼼히 공부하는 정독과 다양하게 읽는 다독이 그것이다. 우리는 학교 국어 시간에 국어 교과서를 공부하고 집으로 돌아오면, 전래동화나 지식 전달책, 그림책 등 다양한 책을 읽는다. 뒷받침해줄 수 있는 독서가 습관화되어야 국어 실력도 올라간다. 하물며 영어는 외국어이므로 더 많이 읽어야 한다.

엄마표 영어에서 권장하는 기본 영어 노출시간은 하루 3시간 3년이고, 그 3시간 활동 대부분이 읽기와 듣기 활동이다. 그만큼 듣기와 읽기를 많이 해야 실력이 올라갈 수 있다. 실제로 어릴 때 동화책 듣기를 많이 한 친구들은 동일한 시간을 배워도 실력이 빨리 오르는 것을 많이 보았다.

당시 나의 학원 영어 도서관에 비치되어 있던 2,000권의 오프라인 도서와 3,000권의 정독용 e북. 이것만으로는 부족했다. 학습관에서 공부하던 아이들은 하루 적게는 다섯 권, 많게는 스무 권의 책을 읽어 한 달이면 400여 권을 읽었다. 5,000권의 책이 있더라도 자신의 수준에 맞는 책을 읽으려면 책의 수가 그리 풍족하지는 않았다. 무엇보다 공룡과 좀비를 좋아하는 아들 동준이가 볼 수 있는 책이 있어야 했다. 또한, 나는 다독은 아이들이 즐겁고 자유롭게 보기를 원했기 때문에, 다독용 프로그램은 그래픽 노블과 같은 만화와 다양한 주제의 책들이 많기를 바랐다. 이런 조건에 꼭 맞는 영어책 도서관을 미국에서 찾았다.

이 프로그램은 2019년 즈음 한국에서 정식 판매가 되어 지금은 네이버에서도 구매할 수 있다. 약 5,000여 권의 다양한 장르의 도서들이 온라인에 탑재되어 있다. 이 온라인 도서관의 가장 좋은 점은 만화 종류가 많다는 것과 15일에 한 번씩 영어시험을 볼 수 있는 점이다. 영어 실력이 얼마나 올랐는지 그래프로 보여주어 점검할 수 있다는 장점이 있다. 하지만 제공되는 독후활동지가 없으며, 녹음된 음원은 효과음이 많고 속도가 빨라서 학습용으로 사용하기에는 어려움이 있었다. 정독용 보다는 다독용으로 즐겁게 보기를 추천한다.

내가 운영했던 학습관에서는 이 두 프로그램을 병행해, 정독 30분 다독 30분씩 독서수업을 진행했다. 나의 학원에는 '주제 확장 독서'라는 프로그램을 만들어 좀 더 폭넓은 독서를 진행했다.

예를 들어 정독 시간에 토마스 에디슨에 관한 책 『Edison's inventions』[36]을 공부하고 나면 다독 시간에 『When Thomas Edison Fed Someone Worms』[37]라는 책을 다시 한번 읽어보는 방식의 독서이다. 동일한 주제에 대한 여러 작가의 책을 읽어보면서 서로 다른 생각을 비교해볼 수 있다. 다독용 온라인 도서관은 도서 검색기능이 있어 키워드를 입력하면 적절한 도서를 찾을 수 있다.

기억에
오래 남는
영어 공부법

고등학교 때 사전을 먹으면 영어단어가 잘 외워진다는 말을 장난삼아 많이 했다. 유독 암기를 못하는 나는 사전의 첫 장을 오려내어 먹어봤다. 사전은 아주 얇은 종이로 만들어졌지만 의외로 질겼다. 씹기만 하고 그냥 뱉을까 잠시 고민했지만, 삼키지 않으면 왠지 외워지지 않을 것 같아 그냥 삼켰다.

지금 생각해보면 참 웃긴 일이지만, 그렇게 해서라도 단어들을 내 머릿속에 넣고 싶었다. 시험을 볼 때면 연습장을 빼곡히 채우며 공부를 해도 영 외워지지 않았다. 학창시절 나는 정말 나의 머리가 원망스러웠다.

반대로 기억을 하려 애쓰지 않아도 선명히 기억에 남는 것이 있다. 어느 날 친정엄마가 반으로 접은 메모지 하나를 건네주셨다. 그 메모지에 써진 첫 문장은 10년이 지난 지금까지도 선명히 기억이 난다.

그 편지의 첫 문장은 '우리는 너를 낳고 행복했다.'였다. 힘들었던 때에 받았던 그 메모지를 양손으로 펴들고 펑펑 울던 내 모습이 여전히 생생하다. 하지만 그 메모지를 언제 받은 것인지, 엄마가 직접 건네주신 것인지, 내 생일 선물과 함께 있었는지의 기억은 전혀 없다.

외우고 싶어 노력한 것들은 지우개로 지운 듯 깨끗이 사라지고, 어떤 것들은 노력 하나 하지 않아도 생생히 기억난다. 수업을 하다 보면 5분 전에 가르쳐준 것을 마치 새로 배우는 내용인 것처럼 전혀 기억하지 못하는 아이들을 많이 본다. 어떻게 해야 좀 더 기억에 오래 남길 수 있을까? 우리의 뇌가 기억을 오래 하도록 할 방법을 알아보자.

노벨 생리의학상을 받은 에렉 캔들은 기억이 오래 저장되기 위해서는 뉴런의 핵이 자극되어야 한다는 연구를 발표했다.[38] 그는 뉴런의 핵을 자극하는 방법으로 2가지를 제시하고 있다. 한 가지는 반복적으로 자극하는 방법, 다른 하나는 강한 자극을 주는 방법이다. 여기에서 이야기하는 강한 자극이란 감정을 자극하는 방법을 말한다.

이에 관해 KBS 스페셜 〈당신이 영어를 못하는 진짜 이유〉에서 미국 UCSD대학 교수 래리 스콰이어는 아래와 같이 설명하고 있다.

"(기억을 잘하는 데) 가장 중요한 것 중의 하나는 받아들이는 내용(정보)이 동기를 불러일으키는 감성적인 내용인가 하는 점입니다. 자극적인 것, 무서운 것 등과 같은 사건들은 무미건조하고 지루한 사건들보다 훨씬 잘 기억됩니다."

열심히 노력하며 외웠던 단어는 금방 잊히고, 감정을 건드리는 강한 자극은 즉시 기억되어 십 년이 넘도록 생생히 기억되는 이유가 여기 있다. 아이들과 공부할 때 아이들의 감정을 불러일으키는 것이 기억을 오래 유지하는 데 도움이 된다.

감정을 자극하는 방법 외에도 학습관에서 아이들을 지도하며 좀 더 기억에 오래 남게 하기 위해 사용했던 여러 가지 방법을 풀어놓아보겠다. 집에서 아이들과 함께 공부하는 부모님들과 아이들을 지도하는 선생님들도 시도해보면 좋겠다. 작은 차이로도 아이들과의 수업의 성과가 훨씬 높아질 것이다.

1. 공부하고 싶은 것을 스스로 고르게 한다.

학습관에서 내가 사용하는 교재는 29단계로 레벨이 세분되어 있다. 아이들의 영어 실력은 제각기 달라 자신의 수준에 맞는 레벨을 배정받아 영어책 읽기를 시작한다. 단계마다 90권 안팎의 도서가 있는데, 나는 그 책들을 예쁜 빨간 바구니에 넣어두어 아이의 이름을 붙여놓는다. 자신만의 책 바구니를 가진 아이들은 바구니 안의 책을 하나씩 공부할 때마다 성취욕을 느낀다.

나는 90여 권의 책 중 아이가 공부할 책을 스스로 고르게 한다. 이렇게 할 때 선생님이 정해준 책으로 공부할 때보다 집중을 잘한다. 스스로 고른 책으로 공부를 하니 수업할 때 흥미도 높아 학습성과도 훨씬 높다. 또 자신이 고른 책에 대해 책임감을 느끼고 공부해서 적극적으로 수업에 참여한다. 스스로 책을 고르게 하는 것만으로도 수업이 재미있어진다.

또 그 날의 기분에 따라 공부하고 싶은 주제도 달라진다. 하루는 아이가 씩씩거리며 화가 나서 학습관에 왔다. 엄마가 자기만 혼을 냈다는 것이다. 그날 아이가 고른 책은 『Calming Down』[39]이라는 책이었다. 화가 났을 때 어떻게 하면 좋을지 9가지 방법을 알려주는 책이었다. 자신의 지금 상황에 꼭 필요한 책이니 머리에 쏙쏙 들어오고, 화를 다루는 지혜도

익혔다.

어떤 아이는 책을 고르는 데만 10여 분 이상이 걸리기도 한다. 그래도 시간이 아깝다고 생각하지 않아도 된다. 선택을 하는 동안 표지를 보며 제목을 소리 내어 읽기도 하고, 책 속의 내용도 훑어보기도 한다. 이 시점부터 읽기 공부가 시작되고, 자연스럽게 예습도 된다. 어떤 아이는 칭찬이 받고 싶어서 책을 고르는 동안 미리 공부를 해서 수업에 들어오기도 했다.

영어 학습서를 이용해 공부하는 경우라도 반드시 책의 순서를 따라야 하는 종류가 아닌 이상 공부하고 싶은 페이지를 고르게 하는 것이 좋다. 순서대로 의무적으로 공부하는 것보다 학습효과가 몇 배로 높아진다.

나의 경우 아이들이 자신이 공부할 교재에 대한 선택권도 주었다. 예를 들어 문법을 공부할 시기가 다가오면 문법책을 다섯 종류 정도 보여주고, 스스로 선택하도록 했다. 아이마다 좋아하는 표지의 색깔, 편집 스타일, 글씨체 등이 모두 달라서, 기분이 더 좋아지는 책을 선택하면 공부도 더 잘된다.

나의 딸아이는 제시어가 '~하라'처럼 반말이나 명령어로 되어 있는 교재를 싫어했다. '~하세요'처럼 존댓말로 친절하게 되어 있는 책으로만 공부했다. 그래서 남편이 집필한 교과논술교재는 모두 존댓말로 되어 있다.

2. 책을 읽기 전에 표지에 대해 이야기를 나누자.

책의 표지를 살펴보며 대화를 나누는 것은 한글책을 볼 때도 해주어야 하는 활동이다. 우리의 뇌는 새로운 정보가 들어오면 기존에 있던 정보 중 그와 비슷한 것을 불러와 파악하기 위한 움직임이 재빠르게 일어난다.

'과일'이라는 책을 공부한다면 아이의 두뇌에서는 이미 알고 있는 과일의 정보를 모두 모으기 시작한다. 이때 재미있는 점은 뇌가 딸기, 바나나, 사과 같은 사실적인 정보만 모으는 것이 아니라 그 정보와 연관된 기존의 감정도 함께 불러온다는 것이다. 딸기가 맛있었던 기억이 있다면 과일에 대한 즐거운 감정이 함께 떠오르고, 두리안을 먹고 냄새가 싫었다면 싫은 느낌이 올라오게 된다. 무미건조하고 지루한 것들보다 더 잘 기억하게 되는 것이다.

책을 읽기 전 표지에 관한 대화는 운동하기 전 준비 운동과 같다. 우리의 뇌가 정보를 더 잘 받아들일 수 있도록 준비시키는 역할을 한다. 배경이 되는 정보들이 펼쳐져 있으면 새로 들어온 정보와의 연결이 원활해져 기억하기가 훨씬 쉬워진다. 이때의 배경정보는 한글로 있더라도 이해에 많은 도움이 된다.

3. 페이지를 읽을 때마다 아이의 경험을 물어보자.

책을 읽을 때 글자만 읽지 말고, 한 페이지에 오래 머물며 대화를 나누는 것도 기억을 오래하게 해준다. 대화를 나누며 그 페이지에 있는 그림에 대해 서로의 생각을 이야기해도 좋다. 그 페이지에 있는 경험을 아이도 해보았는지, 그때 느낌이 어땠는지 등 대화를 하며 그때의 감정을 불러일으킬 수 있다. 『Making Pizza』[40]라는 책을 공부하며 피자를 만들어본 적이 있는지, 토핑으로는 무엇을 넣었는지, 어떤 맛 피자를 좋아하는지 다양한 대화를 나누면 책의 내용을 오래 기억할 수 있다. 피자를 만들어보면 더욱 좋다.

4. 책을 읽고 난 뒤 독후활동을 하며 자연스럽게 반복을 하자.

기억이 오래가기 위해선 반복이 필수이다. 하지만 같은 것을 계속 반복하면 뇌에서 습관화를 학습하여 무시해도 좋은 반복적 자극으로 인식하게 된다.[41] 즉 무시해도 좋은 정보로 인식해 시큰둥해지는 것이다. 아이들이 새로운 장난감을 열심히 가지고 놀다가 마음껏 가지고 놀고 나면 무관심해지는 것은 이 습관화 때문이다.

책을 읽고 난 뒤 다양한 방법으로 반복을 유도하는 것이 좋다. 신체 활동이나 그림 그리기, 또는 독후활동지를 사용해도 좋다. 학습관에는 모든 도서의 독후활동지가 있어 도서의 내용을 두세 번 반복할 수 있도록 디자인되어 있다.

5. 짧은 영어책은 초시계를 이용해보자.

비교적 길이가 짧은 책은 초시계를 사용해 읽어보자. 제한된 시간 안에 책을 읽는 활동을 하면 적당한 긴장감을 가지고 재미있게 여러 번 책을 읽을 수 있다. 아이들은 초시계를 켜두고 마치 게임을 하듯 열 번이고 스무 번이고 읽는다. 자연스러운 복습이 가능하다.

권장하는 시간제한은 1초에 두 단어를 읽는 속도로, WPM(Words-Per-MInute)120 읽기 속도 정도를 추천한다. WPM 120은 1분에 120개의 단어를 읽는 속도로 미국 초등 저학년의 평균 읽기 속도이다.[42]

6. AR/VR 어플을 활용해보자.

증강현실(AR)과 가상현실(VR)기술이 발달하면서 패드나 핸드폰으로 간단히 사용할 수 있는 어플이 많이 개발되어 있다. AR/VR은 눈으로만 보는 것이 아닌 신체 활동을 학습에 추가할 수 있다는 장점이 있다.

나는 현재 '코스페이시스'라는 사이트에 파닉스 프로그램을 개발 중에 있다. 알파벳과 파닉스를 증강현실을 이용해 직접 손으로 만져보고 몸을 사용해 공부하면 더 큰 자극이 생겨 오랜 시간 기억저장이 가능해진다. 〈리딩365〉 블로그에 방문해보면 샘플 영상을 볼 수 있다. 이 파닉스 프로그램을 보려면 머지큐브(Merge Cube)라는 것이 필요한데, 머지큐브는 큐브 모양의 도구로 일종의 QR코드 상자라고 할 수 있다. 우리가 핸드폰 카메라에 QR코드를 읽히면 웹사이트로 연결되는 것처럼, 머지큐브를 사용할 수 있는 어플을 이용해 다양한 물체를 아이들의 눈앞으로 불러올 수 있다.

머지큐브를 사용한 어플은 Merge Object Viewer, Merge Explore가 있으며, 신체장기와 태양계의 행성, 공룡, 이집트 유물, 예술작품 등을 무료로 볼 수 있다.

수업시간에는 도서 『Many Kinds of Dinosaurs』[43]를 공부한 뒤 머지큐브 어플을 통해 책에 나오는 공룡들을 증강현실로 불러와 현실에서 경험할 수 없는 공룡을 관찰할 수 있다.

도서 『Ancient Egypt』[44]를 읽고 머지큐브 어플의 이집트 카테고리에서 피라미드, 파라오 동상 등 다양한 고대 이집트의 유물을 불러와, 박물관에 가지 않고도 눈앞에서 관람이 가능하다.

구글에서 운영하는 어플 〈구글아트앤컬쳐〉는 세계 70여 개국의 1,200개 이상의 박물관과 협력해 제공하는 무료 서비스이다. 이 어플을 통해 고흐와 같은 화가의 작품을 실제 크기의 고화질로 감상할 수 있다. 1,200

여 개의 박물관은 박물관 내부의 360도 영상을 제공하고 있어 마치 그곳에 가 있는 것처럼 느낄 수 있다.

화상영어 독서 수업시간에 공부하는 도서에 나오는 장소인 타지마할, 콜로세움, 피라미드, 스톤헨지, 마추픽추, 치첸이트사, 폼페이 등과 전 세계 10,000곳 이상의 사진 자료도 볼 수 있다. 사진을 클릭하며 해당 장소로 이동하면 360도 영상을 볼 수 있어 마치 직접 사진을 찍어온 듯한 현장학습의 기분도 느낄 수 있다.

오프라인 수업이나 집에서 활용할 수 있는 증강현실 자료는 미국인 교사 Jamie Donally가 쓴 『Immersive Classroom』을 보면 자세한 정보를 볼 수 있다.

시끄럽게
영어책
읽기

친구들 여럿과 떡볶이를 먹으며 수다를 떨고 있다. 말하고 있는 도중 갑자기 옆의 친구가 다리를 손가락으로 쿡 쑤시며 눈을 찡긋한다. 순간 우리는 말을 멈추고 입을 다문다. 말 한마디 없이도 무슨 의미인지 단번에 알아챈다. 잘했다고 칭찬을 해주고 싶을 때는 엄지손가락을 치켜세워주기도 하고, 머리 위로 하트를 만들어 애정을 표현하기도 한다. 굳이 말을 하지 않더라도 우리는 우리의 메시지를 상대에게 전달할 수 있다. 오미영 교수는 저서 『커뮤니케이션』에서 이렇게 말하고 있다.

"커뮤니케이션은 우리가 관계를 맺고 있는 사람 혹은 세상을 통해 메시지를 보내고, 받고, 해석하는 과정이다. …레이 버드휘스(Ray Birdwhistell)는 표현 수단으로서 언어 대 비언어의 비율이 65대 35에 이른다고 주장한다."

친구에게 카톡이나 문자를 보내고, 전화를 걸고, 커피숍에 앉아 이야기를 나누는 등, 우리가 하는 의사소통의 65%는 언어로 이뤄지고 있다는 의미다. 수단으로 사용하는 언어는 대부분 말이나 글로 표현된다. 글은 도구를 이용해 시각적으로 표현되는 활동이라면, 말은 입을 통해 소리로 나타내야 한다. 우리가 영어라는 언어를 배운다는 것은 이 2가지 활동 모두를 익힌다는 뜻이다.

나는 외국인 선생님들과 화상영어를 제공하는 교육회사를 운영하고 있는데, 외국인과 말하는 경험을 처음 해보는 아이들의 부모님들은 대부분 이렇게 말한다.

"우리 아이가 외국 사람과 얘기를 나눠본 적이 한 번도 없어서 하나도 못 알아들을 거예요."

하지만 수업이 끝난 후 아이의 반응은 부모님의 예상과 다른 경우가 많다. 아이들의 대다수는 영어만으로 말하는 외국인 선생님의 말을 곧잘 알아듣는다. 우리나라 교육과정을 거친 대부분 아이들은 이미 영어에 대한 노출이 일정 수준 되어 있기 때문이다. 나의 아들이 생후 9개월 때 처음 갔었던 어린이집에서도 영어를 가르쳤다. 유치원과 학교에서도 영어는 필수 과목으로 일정 수준의 교육이 이뤄지고 있다. 또한, 유튜브와 넷플릭스 등 각종 매체를 통해서도 영어를 접하기가 아주 쉬운 세상이다.

아무 말도 못 알아들을 거라고 걱정하던 부모님과는 달리 화상영어 수업을 처음 받은 후 아이들이 공통으로 하는 말은 이렇다.

"무슨 말인지는 거의 알아듣겠는데 말을 못 하겠어요. 머릿속에 생각이 나는데 말로 나오지 않아요."

아이들은 자신의 생각을 말하고 싶은데 머릿속에서만 맴돌고 입 밖으로 나오지 않아 답답했다는 말을 한다. 우리 모두 그 느낌을 한 번쯤은 경험해봤을 것이다. 'It's on the tip of my tongue.'이라는 영어표현이 있다. 하고 싶은 말이 혀끝에 대롱대롱 달려 있는데 도저히 생각이 나지 않을 때 하는 말이다. 내가 대학을 졸업하자마자 교육회사에 영어면접을 보았을 때 그런 답답함을 느꼈다. 참고로 나는 대학 4년간 당시 종로에서 가장 유명했던 시사어학원과 파고다 학원을 꾸준히 다녔다. 그럼에도 불구하고 면접을 보던 날, 영어로 물어보는 면접관의 질문에 내가 답을 해야 할 문장에 필요한 단어 하나가 도무지 생각이 나지 않았다. 면접장을 돌아 나오는 순간 내가 찾던 단어가 'take'였다는 것이 생각났다. 초등학생도 아는 단어 'take'가 그렇게도 생각이 나지 않았던 것이다. 머리로는 잘 알고 있는데 막상 말을 하려니 머리와 입이 따로 노는 느낌이었다.

나를 비롯한 많은 사람들이 이렇게 느끼는 데는 이유가 있다. 그 이유를 알기 위해 뇌가 소리를 처리하는 과정을 잠시 알아보자.

뉴로사이언스러닝에서 출판한 『영어책 읽는 두뇌』에서는 우리의 뇌가 소리와 글을 어떻게 처리하는지에 대해 자세히 설명하고 있다. 꼭 선생님이나 아이가 있는 부모님이 아니더라도 이 책을 읽어보기를 추천한다. 나의 뇌가 듣는 소리와 보는 글을 어떤 과정을 통해 이해하고 말하게 되는지를 구체적으로 알 수 있다.

우리가 어떤 소리를 듣게 되면, 뇌에서 소리를 담당하는 청각피질은 이 소리가 언어인지 그냥 소음인지를 파악한다. 언어라고 판단되면 베르니케 영역에서 그 소리의 의미를 파악한다. 만약 그 소리에 대한 대답이 필요하다면 브로카 영역에서 대답할 문장을 만든다. 브로카 영역이 단어를 모으고 순서에 맞도록 문장을 완성하면 이제 말로 표현하기 위해 그 정보를 운동피질로 보낸다.

운동피질은 브로카 영역으로의 이동시간을 짧게 하기 위해 브로카 영역과 아주 가까운 위치에 있다. 우리의 뇌가 얼마나 효율적인지 알게 되면 정말 놀랍다.

신호를 받은 운동피질은 입과 혀가 움직이도록 명령을 내리고, 우리가 듣는 말을 하게 되는 것이다. '사과가 빨개요.'라는 간단한 문장을 말하기 위해 우리의 뇌는 엄청나게 빠른 속도로 수많은 작업을 해내고 있다.

우리가 하는 영어공부가 혀끝에만 달려 있는 이유가 여기에 있다. 의 사소통을 위해 배우는 영어를 머릿속에만 넣어두는 공부를 하고 있다. 말을 해야 할 문장을 머릿속에 고이고이 저장해두는 셈이다. 영어를 잘 하기 위해서는 운동피질을 움직여 말이 나오는 길을 닦아야 한다. 입을 움직여야 한다.

수영을 배운다고 생각해보자. 강의실에서 최고의 교수님에게 수영이 론을 열심히 배우며 필기를 한다. 강의가 끝나면 대회가 열리는 경기장 으로 실습을 간다. 세계적인 수영선수들이 경기를 펼치려 하고 있다. 경 기가 시작되기 전의 고요함, 벨소리와 함께 빠르게 물속으로 뛰어드는 선수들, 물살을 가르며 나아가는 선수들의 움직임, 마지막 터치를 하기 까지 긴장감을 고스란히 느낀다. "자, 잘 보셨지요. 수영은 이렇게 하는 겁니다."라며 수업을 마친다. 책을 머리로 읽는 것은 수영 수업을 이렇게 끝내는 것과 같다. 운동신경을 자극해야 하는 영어수업은 입을 움직여 소리를 내어야 한다.

소리를 내며 책을 읽어야 하는 다른 이유는 또다시 우리의 뇌 속에 숨어 있다. 앞서 언급한 『영어책 읽는 두뇌』에서 그 이유를 알 수 있다.

"진화론적 관점에서 읽기는 비교적 최근에 발달된 기술입니다. 인간이 진화함에 따라 우리는 기존에 존재하는 구조와 과정을 기초로 하여 새로운 기술을 덧붙이죠. 프랑스의 신경학자 스타니슬라스 드앤(Stanislas Dehaene)은 이것을 '신경재활용(neuronal recycling)'이라 명명했습니다. 읽기를 수행하기 위해 새로운 뇌 영역을 구축할 수 있도록 인간 유전자가 변형되려면 아마 수만 년 이상의 엄청난 시간이 소요될 것입니다. 하지만 기존에 있던 회로를 빌려서 읽기에 사용하면 훨씬 짧은 시간(약 5,000년 내외에서 2,000시간 내외)에도 가능하게 된다는 것입니다. 문자 형태로 언어가 표현되더라도 그 이면에는 기존의 음성언어 시스템이 자리 잡고 있습니다.

이 점을 염두에 둔다면 비록 듣기는 청각적 과정이고 읽기는 시각적 과정일지라도 언어를 이해하는 과정은 궁극적으로 동일한 경로를 밟음을 미루어 짐작할 수 있습니다."

간단히 표현하면 문자가 발명된 뒤 그것에 맞추어 뇌를 변형하려면 시간이 오래 걸려 비효율적이므로 이미 사용해왔던 소리의 처리 과정을 이용해 읽기를 한다는 내용이다. 즉, 소리를 들어도, 눈으로 문자를 보아도 입수된 모든 정보는 청각피질로 이동한다.

간단한 실험을 해보자. 다음 글을 눈으로만 읽어보자.

"그것이 어떤 선행적인 존재론적인 근본규정에 의해서 해명되지 않은 경우 – '숩엑툼(subjectum), 즉 휘포케이메논(실체 또는 기체)의 단초를 존재론적으로 여전히 함께하고 있는 셈이다."

이 글은 마르틴 하이데거의『존재와 시간』72쪽의 일부이다. 이 글을 눈으로 읽을 때 관찰한 것이 있는가? '숩엑툼'이나 '휘포케이메논'을 읽을 때는 머릿속에서 말소리를 내는 것이 느껴지는가? 언어가 이미 익숙한 성인도 낯선 단어를 만나면 소리를 내어 읽는 것을 볼 수 있다. 이 낯선 단어를 여러 번 읽어 익숙해지면 더는 소리를 내지 않고 자동으로 인지되는 과정으로 넘어가게 된다.

이렇게 보면 책을 읽는다는 것은 눈으로 소리를 듣는다고 표현해도 좋을 듯하다. 책을 소리 내어 읽어야 하는 이유는 우리의 뇌가 언어를 처리하는 방식 때문인 것을 이해하겠는가? 우리가 영어를 배우는 목적은 영어 사용자와 자연스러운 의사소통을 하기 위함이다. 의사소통은 말로 이루어지며, 말은 근육을 움직여야 하는 신체 활동이다. 신체를 단련하기 위해 운동을 하듯 말을 잘하기 위해서는 입을 벌려 말을 자꾸 해봐야 한다. 밖으로 나온 소리는 다시 우리의 귀로 들어가 낯선 정보를 친숙하게 해주는 선순환 구조를 만들어 일석이조의 효과가 있다. 책을 읽을 때는 소리를 내어 읽도록 하자.

04

배경지식 넓히는
영어책
읽기 방법

네이버 지식백과의 '배경지식'에 대한 설명이다.

"글을 더 잘 이해하기 위하여 필요한 지식. 따라서 배경지식이 있느냐 없느냐에 따라 똑같은 글이라도 이해의 정도와 속도가 다르다. 배경지식을 쌓을 수 있는 가장 좋은 방법은 독서이다. 다독(多讀)을 통해 다양한 분야의 책을 접하여 쌓은 배경지식으로 고도의 사고 능력과 어려운 문제에 대한 이해능력을 기를 수 있다."

〈리딩365〉 화상영어 독서 프로그램 중 초등 1~2학년 친구들이 공부하는『Artic Animals』[45]이라는 책이 있다. 북극에 사는 동물에 대한 간단한 내용이다. 그 책은 토끼, 부엉이, 범고래 등 북극에 사는 동물을 사진과 함께 소개하고 있다. 아이가 이미 'arctic'이라는 단어를 알고 있다면, 이 책이 북극에 대한 내용이라는 것을 책을 읽기도 전에 자연스럽게 떠올린다. 반대로 아이가 북극에 대해 하나도 모른다면, 이 책을 공부하며 지구의 북쪽에는 얼음으로 된 땅이 있다는 사실을 처음으로 알게 된다.

이미 북극에 대해 알고 있는 아이는 그렇지 않은 아이에 비해 생각할 수 있는 여유를 갖게 된다. 뇌가 이것저것을 파악하느라 분주하지 않아도 되기 때문이다. 이런 아이들은 수업시간에 의미 있는 질문을 하기도 한다. 한번은 북극이랑 남극이랑 어떻게 다른지 질문을 한 아이가 있었는데, 이 친구는 그날 남극에 대해서도 알게 되어 기존의 배경지식을 더욱 넓히는 수업시간을 가졌다.

12쪽짜리 짧은 책을 읽는 데도 배경지식의 유무가 이해의 폭과 속도에 큰 차이를 만든다. 영어책을 읽으며 배경지식을 넓혀 나가는 방법을 살펴보자. 아이들과 영어책 읽기를 할 때 내가 주로 사용하는 방법이다.

1. 인터넷을 적극적으로 활용하자.

학습관에서 공부하는 프로그램의 책 중에『Strange animals』[46]라는 책이 있다. 각 페이지에는 특이한 동물들의 사진과 이름을 소개하는데 반백년을 살아온 나도 모두 처음 보는 동물들이다. 책에 실린 사진도 내셔널지오그래픽 수준으로 살아 움직이듯 생생하다. 호기심 많은 아이들과 이 책을 읽을 때는 교실이 아주 시끄러워졌다.

이 책에서 가장 인상적이었던 동물은 'Water Bear'라는 이름의 벌레였다. Water Bear는 물곰이라고 하는 완보동물이다. 책에서 물곰을 처음 보았을 때 보라색이 빠진 갈색의 가지를 말려 구겨놓은 것 같은 모양이었다. 사진 속의 모습이 하도 생소해 이게 종이조각인지 뭔지 한참을 들여다보았다.

학습관에서는 공부하다 모르는 것이 나오면 바로 인터넷을 뒤져본다. 아이들과 네이버에서 찾아낸 정보를 보고 더욱 깜짝 놀랐다. 이 벌레같이 생긴 물곰은 영하 200도에서도 살 수 있고, 끓는 물에서도 살 수 있으며, 심지어 우주에서도 살 수 있는 것으로 확인되었다. 이 책을 공부하며 아이들과 흥분해서 이야기를 나누었다. 이 지구에 우리가 아직 모르는 것이 많으니 열심히 공부해서 다 알아내자고 말했던 기억이 난다.

『My Hanukkah』[47]라는 책을 통해서는 '하누카'라는 유대인들의 명절을 알게 된다. 하누카를 왜 빛의 축제라고 부르는지, 왜 아홉 개의 초를 켜는지 등 우리나라에서는 접하기 어려운 내용도 영어책을 읽고 인터넷을 검색하며 배경지식을 넓일 수 있다. 이러한 경험은 정보의 바다에서 자신에게 필요한 것을 찾는 방법을 연습하는 경험이기도 하다.

『Martin Luther King, Jr.』⁴⁸⁾를 공부하는 날은 유튜브에서 마틴 루터 킹의 역사적 연설 'I have a dream'을 들어본다. 수준이 높은 친구들은 연설을 듣고 난 감상을 써보는 과제를 해보기도 한다. 『Istanbul』⁴⁹⁾을 공부할 땐 이스탄불이라는 노래를 들으며 터키 춤도 따라 춰본다. 『Voyagers in Space』⁵⁰⁾를 공부한 후 나사의 유튜브에 들어가 보이저호의 발사 장면을 시청하기도 한다. 이렇게 공부하면 책을 통해 알게 된 정보가 책 속에만 있는 것이 아니라 아이의 삶에 살아 있게 된다. 공부를 외워야 할 것으로 생각하기보다 세상을 알아간다는 느낌을 갖게 된다.

2. 한글책도 함께 읽어보자.

아이가 어리거나 아직 한국어 독서를 많이 하지 않은 친구들은 영어를 배우며 배경지식도 넓힐 수 있다. 특히 영어유치원에 다니는 5~7세 아이들에게는 영어책을 읽을 때 한국어책과 같이 읽기를 적극적으로 권장한다. 영어유치원에 다니는 친구들은 하루 중 많은 시간을 영어를 사용하며 보낸다. 게다가 대부분 유치원에서는 과제도 영어책 읽기를 내준다. 그러다 보니 집에서 별도로 신경을 쓰지 않으면 한국어 독서가 부족해지기 쉽다. 이런 아이들은 고학년이 될수록 배경지식의 부족함으로 인한 학습에 어려움을 느끼는 경우가 많다. '영어유치원 졸업하고 사립학교 간 친구, 초등 4학년 때 동네학원에서 만난다'는 말이 이런 이유로 나온다.

영어책을 읽을 때 집에 백과사전이 있다면 함께 보여주면 좋다. 요즘은 백과사전보다는 집집마다 Why 시리즈가 많으니 그것을 이용해도 좋다. Why 시리즈는 아이들이 좋아하기도 하고, 주제도 다양해 골라 읽기가 편하다. 이런 시리즈물 외에도 집에 한글책이 많이 있다면 공부한 영어책과 관련된 한글 도서를 한두 권 골라 함께 읽도록 한다. 영어에 대한 이해도 높아지고 배경지식도 함께 올라간다.

『Stonehenge』[51]를 공부하기 전 영국에 관한 책을 읽어보면 스톤헨지에 대해 미리 볼 수 있다. 사전지식을 가지고 공부를 시작하면 이해하기가 쉬워진다.

『Barack Obama』[52]를 읽을 때 대부분의 아이는 아프리카계 미국인인 그가 겪어야 했던 인종차별로 인한 내적 갈등 부분을 공감하기 어려워한다. 한국에서는 경험해보지 못한 부분이기 때문이다. 전기를 읽을 때 그 인물에 대한 정보도 익혀야 하지만 당시의 시대적 배경을 이해해야 더욱 공감이 갈 때가 많다. 한글로 된 오바마에 관한 책을 보여주면 이해를 훨씬 쉽게 할 수 있다. 이러한 방식으로 추가로 필요한 정보를 한글책으로 읽도록 해주면 영어수업의 이해도 높아지고, 배경지식도 자연스레 많아진다.

3. 지도와 지구본을 활용하자.

〈리딩365〉 화상영어 독서 프로그램의 도서에는 나라, 도시, 대륙, 장소 등에 관한 비문학 책이 많다. 일본을 공부하면 일본에 가보는 것이 가장 좋겠지만 현실적으로 쉽지가 않은 만큼 가장 현실감 있게 느껴지는 독서 활동을 해주면 좋다.

아이의 공부방에는 항상 지도와 지구본을 눈에 잘 띄는 곳에 놓아두기를 추천한다. 나와 함께 공부하던 중학교 1학년 아이가 캐나다가 지구의 어디에 위치하고 있는지 모르는 것을 보고 깜짝 놀란 적이 있다. 미국과 가깝다는 것을 머리로는 아는데 지구본에서 찾지 못했다. 선생님인 나보다 더 당황한 것은 아이 본인이었다. 초등학교 때부터 사회과 부도를 사용하니 당연히 알 거라고 생각했던 아이는 평면지도는 물론 지구본에서도 캐나다를 찾지 못했다. 심지어 지구본에서는 우리나라도 찾지 못했다.

그날 이후로 나는 수업시간에 장소가 나오는 책을 공부하면 반드시 지도를 보며 확인한다. 터키, 모로코, 멕시코, 브라질 등 많은 나라를 공부하는데 지도에서 위치를 찾아보고, 포스트잇으로 표시를 해둔다. 평면

지도에서 찾은 나라는 지구본으로 다시 한번 위치를 확인한다. 이웃한 나라에는 어떤 나라들이 있는지, 그 나라들과 관계는 좋은지, 우리나라와 거리는 멀리 있는지 가까이 있는지 등 다양한 이야기를 추가로 나누며 배경지식을 더할 수 있다.

종이 지도 및 지구본과 함께 구글맵과 구글 어스를 사용하는 것도 공부에 재미를 더할 수 있다. 도서 『A trip to Petra』[53]를 공부하며 구글맵에서 요르단에 있는 피트라를 찾아본다. 구글맵에서는 거리뷰도 볼 수 있어 주위를 둘러보면 마치 직접 다녀온 듯한 느낌을 받게 된다. 구글 어스는 구글맵의 내용을 3차원으로 보여주어 좀 더 생생하게 볼 수 있다.

4. 픽션과 논픽션을 균형 있게 읽자.

시중에서 판매되는 영어책은 픽션, 즉 이야기 글 중심의 출판물이 대다수이다. 흔히 말하는 챕터북이나 소설과 같은 이야기 글은 주인공을 따라가다 보면 자연스레 대략적인 흐름을 이해할 수 있다. 그래서 아이들은 소설을 다 읽고 나서 '내가 안다'고 생각하기 쉽다. 하지만 논픽션, 지식 전달책은 전달하고자 하는 내용을 정확히 이해해야 하기 때문에 상대적으로 어렵다고 느끼게 된다. 또 논픽션에 사용되는 어휘는 우리나라의 사회, 과학 과목처럼 어려운 어휘가 많이 나오기 때문에 영어책도 논픽션을 많이 읽어 균형 있는 어휘 확보에도 신경을 써야 한다.

5. 같은 주제의 다른 작가가 쓴 책을 동시에 읽어보자.

내가 캐나다의 초등학교에서 교생 실습을 할 때 하루는 시청각실에서 수업이 진행되었다. 선생님은 아이들에게 세 권의 책과 만화영화를 보여주었다. 선생님이 아이들에게 읽어준 책은 신데렐라로 북미와 다른 나라, 한국의 콩쥐팥쥐, 이렇게 3가지 버전을 읽고 비슷한 점과 다른 점을 생각해보는 수업을 진행했다. 그날 아이들은 다른 작가가 쓴 비슷한 내용의 책을 비교해보며 자신의 생각을 말하고 다른 아이들의 의견도 들어보는 시간을 가졌다.

〈리딩365〉 수업시간에 『Mother Teresa : Mother to Many』[54]를 공부하고 나면 테레사 수녀에 대해 다른 작가가 쓴 책을 한 권 더 읽어볼 수 있다. 동일한 인물에 대한 두 권의 책은 작가의 시각에 따라 다르게 써 있다. 한 작가는 그녀가 수녀가 되었던 삶에 초점을 맞추었고, 다른 작가는 수녀가 된 후의 업적에 대해 무게를 두고 있다. 동일한 주제의 다른 작가의 책을 읽어봄으로써 비교하며 생각하는 능력이 향상한다. 나는 이런 책 읽기를 '주제 확장 독서'라고 부른다. 단어장의 도서 리스트에는 확장 독서 목록도 포함되어 있어 한결 편하게 읽을 수 있다.

6. 글과 글을 연결하여 큰 시각을 갖게 하자.

〈리딩365〉 수업 도서 중 『Martin Luther King, Jr.』[55]라는 책이 있다. 1950년대 흑인의 인권운동을 한 마틴 루터 킹 박사의 전기글이다. 그 책과 연관된 도서로는 흑인 버스 시위의 주인공, 로사의 이야기를 담은 『Riding With Rosa Parks』[56], 흑인 최초로 백인 학교에 간 여자아이, 루비에 대한 책 『Ruby Bridges』[57], 마틴 루터 킹에게 영감을 준 간디 『Gandhi』[58] 등 마틴 루터 킹과 관련된 책을 함께 읽어봄으로써 차별받던 흑인사회가 어떤 과정을 통해 평등으로 나아갔는지를 큰 시각으로 이해할 수 있다. 각각 떨어져 있는 것처럼 보이는 글과 글을 연결하여 통합적인 눈을 갖도록 한다.

05

전 세계의 국제학교
학생들이 수강 중인
화상 영어 독서

2021년 7월 EBS News에 "美 4학년생 65%, 읽고도 내용 정확히 몰라."라는 제목의 기사가 올라왔다. 기사에 따르면 미국은 1800년대부터 언어 교육을 어떻게 접근해야 할지에 관해 200년 가까이 엎치락뒤치락해오고 있다고 전한다.

'읽기 교육 전쟁'이라고 불리는 미국의 읽기 교육은 파닉스를 중심으로 가르쳐야 한다는 주장과 풍부한 글을 읽어야 한다는 의견 사이의 전쟁과도 같다는 것이다. 아래는 이 읽기 전쟁에 관한 기사의 일부이다.

"1960년대에는 세계적인 언어학자 촘스키가 인간의 언어는 경험을 통해 자연스럽게 발달한다는 견해를 밝혀 파닉스에 큰 타격을 입혔다. 이를 근거로 미국 학교에서는 풍부한 글을 읽고 문맥의 의미에 집중하는 총체적 언어 접근법이 인기를 끌기 시작했다. 즉, 다수의 교사가 읽기 능력은 책을 많이 접하면 저절로 느는 것이라고 믿기 시작한 것이다.

1990년대에 이르러 파닉스에 반대하는 측은 소모적 논쟁을 피하고자 '균형적 지도법'을 소개했다. 균형적 지도법은 총체적 언어 접근법의 정신을 계승해 다양한 읽기 경험을 강조하되 약간의 수업시간을 파닉스에 할애하는 방법이다."

결국, 두 진영은 파닉스 가르치기와 풍부한 글을 읽고 문맥의 의미에 집중하는 두 방법을 모두 사용하는 것으로 합의를 했고, 이러한 교육법이 지금까지 이어지고 있다는 내용이다. 균형적 지도법은 읽기와 쓰기 부분에서 네 개 단계로 이루어진다. 그 네 단계는 읽어주기(Read aloud), 함께 읽기(Shared reading), 안내된 읽기(Guided Reading), 독립 읽기(Independent reading)로, 이 네 단계의 순서대로 읽기 수업이 진행된다. 언어교육의 시작인 유아교육에서 우리나라도 이러한 균형적 지도법으로 지도하고 있다. 유아 교사 임용고시에 높은 빈도로 출제되는 영역이기도 하다.

미국의 읽기 교육에 큰 역할을 해 온 펀타스와 핀넬(Fountas &

Pinnell) 두 학자는 균형적 지도법의 핵심은 가이디드 리딩이라고 말한다.[59] 이 학자들은 저서 『Guided Reading Good First Teaching for All Children』에서 가이디드 리딩의 필수요소 중 하나로 소규모 그룹을 들었다. 가이디드 리딩 수업은 말 그대로 아이들이 잘 읽을 수 있도록 안내를 해주는 수업이다. 가르칠 아이들이 2~5명 이내로 적어야 아이들을 개별로 지도하며 각 학생의 발달을 파악할 수 있기 때문이다.

내가 캐나다 브리티시컬럼비아주에 있는 초등학교에 있었을 때 교육청의 공문을 보면 이 가이디드 리딩을 초등학교 수업시간에 하도록 권고하고 있었다. 그런데 한 학급에는 20명 이상의 아이들이 있으니 교실 내에서 소그룹의 수업을 운영한다는 것은 사실상 쉽지 않다.

상상해보자. 초등학교 국어 시간에 담임 선생님이 학생 다섯 명만 모아 수업을 한다. 나머지 20명의 아이는 선생님 없이 스스로 학습활동을 해야 한다. 그런 상태로 5분만 지나면 교실은 쉬는 시간 종이 울린 듯 금세 소란해질 것이다. 그나마 외국의 학교는 자원봉사 선생님이 교실에 있는 날이 많으니, 담임 선생님이 소그룹의 아이들과 수업을 하는 동안 교실의 소음관리가 가능하다.

이렇게 아이들의 언어발달에 핵심이 되는 가이디드 리딩이 한국에서는 현실적으로 실행되기가 쉽지 않은 활동이다. 내가 규모가 큰 학원을 운영하다가 작은 공부방으로 학습관의 형태를 바꾼 것은 이 때문이었다. 많은 인원을 얕게 가르치는 것보다 소규모 인원을 밀착해서 깊이 있게 가르치고 싶었다. 나는 아이들과 일대일로 책을 읽고, 아이가 읽는 페이지마다 대화를 나누었다.

『I'm the guest』[60]라는 책은 집에 초대한 친구가 장난감을 부수고, 냉장고를 뒤져 마음대로 간식을 먹고, 허락 없이 옷을 입어 옷이 찢어지는 일이 벌어진다는 이야기 글이다. 수업시간에 이 책을 읽으며 이런 친구가 있었는지, 그때 기분이 어땠는지, 앞으로 친구 집을 방문할 때 우리는 어떻게 행동하는 것이 좋을지 이야기를 나눈다. 책을 다 읽고 난 후 그러한 생각을 글로 옮겨 적어보고, 다른 아이들의 생각도 들어본다.

『Hillary Clinton』[61]은 영부인이었던 힐러리 클린턴에 관한 책이다. 이 전기글을 함께 읽으며 공부했던 여중생 E는 다음 날 여성학자가 되고 싶다며 열심히 공부하기 시작했다. 집에서 힐러리 클린턴에 관한 유튜브의 강연을 봤는데 그 강연자가 여성학자였고, 너무 멋있다고 한다. 자신은 여성학자가 되어서 꼭 그 유튜브의 여성학자처럼 강의를 하고 싶다고 했다.

공부방에서의 가이디드 리딩 수업을 바탕으로 현재 나는 〈리딩365〉라는 화상영어 독서수업을 진행하는 교육회사를 운영하고 있다. 내가 했던 수업을 외국인 선생님과 일대일로 진행할 수 있도록 디자인했다.

어느 날 보이스톡이 울렸다. 전화가 아닌 보이스톡으로 상담요청을 주시는 어머님들은 대부분 해외 계신 분들이다. 전화는 중국에서 국제학교에 다니는 초등 4학년 여자친구와 6학년 남자친구, 남매의 어머님이었다. 아버님의 갑작스런 발령으로 준비 없이 중국에 오게 되어 고민이 많다고 하셨다. 초등 6학년 오빠는 한국에서 꾸준히 공부를 해와서 국제학교 수업을 듣기에 어려움이 없었지만, 여동생은 영어를 해보지 않아 걱정이라고 하셨다.

〈리딩365〉 화상영어 독서수업은 수업을 등록하기 전 체험 수업을 진행한다. 학생의 부모님은 생소한 온라인 독서수업이 어떻게 이뤄지는지 살펴보는 기회가 되고, 한국의 관리자는 그 수업 영상을 모니터링을 하며 아이의 말하기 실력, 책 읽는 속도와 발음, 글의 이해도, 선생님과의 대화 수준 등을 모두 살펴보고 최종적 레벨을 확정한다.

모니터링을 통해 파악된 여동생의 수준은 가이디드 리딩 레벨상 C단계로 미국 기준 4~6세의 읽기 수준이었다. 4세의 읽기 수준으로 국제학교 초등 4학년의 수업을 들어야 하는 상황이었다. 다행히 학교에서 별도의 방과 후 수업을 제공해주었고, 여동생도 스스로 열심히 공부해서 화상영어 독서수업을 받은 지 1년 반이 지난 지금은 초등 3학년 정도의 읽기 실력을 갖추어 학교 수업을 잘 따라가고 있다.

해외에 사는 친구들은 한국에 사는 친구들에 비해 영어적 환경이 풍부해 실력이 빨리 올라가는 편이다. 그럼에도 매일 수업을 수강하는 친구들이 훨씬 많다. 한국 아이들도 집에서 책을 많이 읽는 아이들이 공부도 잘하듯, 해외에서 국제학교를 다니면서도 집에서 꾸준한 독서를 해야 실력이 탄탄하게 올라가기 때문이다.

"안녕하세요, 선생님. 여기는 멕시코인데요. 학교에서 이 프로그램을 하루 3권씩 읽으라고 숙제를 내줘서 네이버에서 알아보다 전화 드려요. 여기서도 선생님은 구할 수 있는데 제가 관리가 안되서요. 책 읽기 숙제하면서 선생님과 수업도 받으면 좋을 것 같아요."

멕시코에서 보이스톡을 주셨던 어머님의 말씀이다. 〈리딩365〉 화상영어 독서수업은 해외에서 수업을 듣는 아이들이 3분의 1이다. 그 아이들은 스페인, 우크라이나, 두바이, 슬로바키아, 미국, 캐나다, 멕시코, 싱가폴, 홍콩, 호주, 뉴질랜드, 일본, 태국, 베트남, 중국, 말레이시아, 대만, 인도네시아 등 세계 각지에서 공부하고 있다.

해외에서 이미 국제학교를 다니는 아이들이 한국에 있는 회사의 화상영어 수업으로 공부한다는 것이 재미있지 않은가? 해외에 있는 한국 학생뿐 아니라, 그 한국 학생들의 친구인 일본인, 중국인 학생들도 우리 회사의 수업을 받고 있다. 그 나라에는 이러한 독서 프로그램이 없기 때문이다.

세계 각 나라마다 국제학교가 많이 세워져 있는데, 국제학교는 미국식 교과과정을 따르는 학교들이 많다. 리터러시(문해력, 읽기와 쓰기 능력)를 중요시하는 미국 문화는 자연스럽게 교육에 있어 독서를 장려하게 된다. 그러다 보니 세계적으로 많은 학교에서 사용하고 있는 온라인 도서관 프로그램으로 숙제로 내주는 경우가 많은 것이다.

우리가 학교에서 국어 교과서만 배운다고 모든 아이의 국어 실력이 향상되지는 않는다. 이해력이 좋고, 배경지식이 풍부하며, 글을 잘 쓰고, 말을 조리 있게 하는 친구들의 공통점은 책을 많이 읽는다는 것이다. 학교에서 국어 교과서로 배우면, 집에서 다양한 독서를 통해 몸에 익히는 시간을 가져야 하듯, 학교에서 영어를 배우면 집에서는 풍부하고 다양한 주제의 영어책을 읽으며 언어를 몸으로 익히는 시간을 가져보자. 해외에 살며 국제학교를 다니는 친구들도 화상영어 독서수업으로 공부하는 이유이다.

06

엄마와 아이,
6명의 선생님이
함께 하는 영어책 읽기

나의 첫 번째 해외연수는 회사에서 캐나다로 갔었던 신입사원 연수였다. 연수 기간 동안 하루 8시간씩 공부를 했지만 내가 영어의 말문이 열리기 시작한 건 한국에 돌아오기 전날 밤이었다.

다음 날이면 한국으로 돌아가야 할 시간이었다. 홈스테이 가족은 마지막 밤을 기억하도록 만찬에 가까운 특별한 식사를 준비해주셨다. 촛불이 켜진 저녁 식탁에 앉아 우리는 이런저런 이야기를 나누며 오랜 시간 함께했다. 한국에 돌아가서 할 일들과 한국과 캐나다가 어떤 부분이 다른지, 종교, 사회, 문화 등 전반에 걸친 깊은 대화를 나누었다.

같은 홈스테이에서 한 달간 함께 생활했던 룸메이트는 영어를 아주 잘했다. 그래서 나는 짧은 대화와 보디랭귀지만 사용하며 지냈는데 그날은 식탁에서 종교에 관해 열심히 말하고 있는 나를 발견했다. 말하는 도중에도 유창하게 영어를 구사하고 있는 내 모습에 나 자신도 깜짝 놀랐다. 내일이면 한국으로 돌아가는데 이제야 말문이 트이다니…한편으로 속이 상했다.

두 번째로 캐나다에 갔던 것은 어린이 영어지도사 과정을 공부하기 위해서였다. 다녀온 후 영어가 한결 더 편안해졌다. 왜 그런 걸까? 단순히 오랜 기간 현지에 있어서 편안해진 걸까 의문이 들었다. 중학교 때부터 시작해 대학 4년간의 어학원에서 공부한 기간까지 합하면 첫 번째 연수에서도 편안히 대화할 수 있었어야 했다고 생각했다. 두 번의 캐나다에서의 공부 경험을 꼼꼼히 비교해보고 나서야 그 이유를 알 수 있었다.

나의 영어 실력향상에 가장 크게 영향을 미친 부분이 무엇이었는지를 돌아보니 바로 '공부방법'의 차이였다.

첫 번째 캐나다에서 했던 회사 연수에서의 공부방법은 한국에서 공부했던 방법과 같았다. 한국과 캐나다로 장소만 다를 뿐, 강의를 듣고, 잘 알고 있는지 시험을 보고, 다음 진도를 나가는 우리나라 학교에서 하는 공부법 그대로 했다.

두 번째 영어 지도사 과정을 들을 때는 교수님들이 가르치시는 방법이 달랐다. 오늘 공부해야 할 주제에 대해 강의를 해주시고 참고도서 두세 권을 정해주셨다. 과제로 리포트를 제출하고, 다음 강의 시간까지 발표를 준비해서 프레젠테이션을 해야 했다. 영어로 된 원서를 한 권 읽기도 벅찬데 두꺼운 전공 서적을 두 권씩이나, 게다가 리포트도 써야 하고 발표준비도 해야 했다. 당시 나는 생활비를 벌기 위해 아르바이트를 저녁까지 하고 있었다. 책 읽을 시간과 리포트를 쓸 시간이 부족해 쪽잠을 자며 공부했다. 거울 앞에서 프레젠테이션 연습을 하면서 너무 힘들어 울었던 기억이 있다.

매번의 수업이 그렇게 진행되었다. 강의를 듣고, 책을 읽고, 정리하고 발표하고, 강의, 책, 정리, 발표, 강의, 책, 정리, 발표… 뒤돌아보니 그것이 내 영어 실력을 올려주었다는 것을 알게 되었다. 훌륭한 교수님께 배워서 실력이 올라간 것이 아니었다.

내가 기존의 일반적 강의식 수업을 버리고, 본격적인 영어 독서를 가르치던 때였다. 아이들은 수업시간에는 나와 일대일로 영어책을 읽고, 영어로 대화하며 생각을 나누었다. 또 책을 읽은 뒤에는 미국에서 제공되는 다양한 워크시트를 통해 자신의 생각을 정리하도록 했다. 아이들의 영어 실력을 높이기 위해 이 수업에서 빠진 것 하나가 있었다. 아이들이 읽은 것, 아이들이 정리한 것을 누군가에게 들려주는 발표 작업이 없었다. 아이들의 발표를 들어줄 사람이 필요했다. 그 사람은 영어를 자유롭게 구사해야 하고, 아이들의 틀린 문장을 알맞게 수정해줄 수도 있어야 했다. 먼저 학원의 학부모님들에게 부담이 되지 않는 금액대로 시작이 가능한 필리핀 화상영어를 찾기 시작했다. 개인이 운영하는 필리핀 화상영어 업체는 교육 전문가가 아닌 여행사나 부동산을 하시는 분들이 많다는 이야기를 들어서 대형 학원에서 운영하는 업체를 찾았다. 한국의 모 대학의 부설 프랜차이즈 학원에서 운영하는 화상영어 업체를 찾아 수업을 의뢰했다.

필리핀의 화상영어 수업을 진행하며 어려웠던 점이 한둘이 아니었다. 지금은 코로나를 거치면 줌이라는 프로그램이 전 세계적으로 사용되며 안정화되었지만, 당시에는 인터넷 상황이 좋지 않았다. 대형 업체에서 운영함에도 불구하고 인터넷 라인이 안정되지 않아 수업 중 끊김이 종종 있었다. 필리핀은 태풍에도 취약해 필리핀이 우기일 때는 수업이 되지 않는 날도 많았다.

선생님이 아니라 내 아이를 맡겨둔 부모의 관점에서 내가 가장 불편했던 점은 다른 무엇보다 센터와의 소통이 안 되는 것이었다. 인터넷 접속이 갑자기 안 될 때, 아이가 공부를 잘하고 있는지 궁금할 때, 실력은 어느 정도인지 상담을 받고 싶을 때, 한국의 서비스센터는 응대가 너무 느리거나 전화 연결이 아예 되지 않았다. 또 응대하는 직원도 그냥 콜센터의 관리 직원일 뿐 교육에는 문외한이었다. 이러한 부분 때문에 학원의 아이들을 믿고 맡길 수 없어 화상영어 수업은 잠시 멈출 수밖에 없었다.

그즈음 나는 경기도 외곽의 전원주택으로 이사를 했다. 나와 남편은 서울의 학원으로 출퇴근을 해야 했고, 집에는 저녁이 되어서야 돌아왔다. 내 아이들은 방치되어 있었고, 특히 아들의 영어 수준은 낮은 단계에서 맴돌고 있었다. 집이 외진 곳에 있다 보니 선생님을 구할 수도 없었고, 학원을 가려면 40분간 버스를 타고 읍내로 가야 했다. 아이들이 어릴 때라 혼자 버스를 태워 보내기도 어려웠다. 내가 출근한 동안 아이들을 가르쳐줄 선생님이 필요했다. 영어도 잘하고, 예민한 아들이 위축되지 않도록 친절하며, 나의 영어 독서 지도방법을 그대로 구현해줄 수 있는 사람을 찾아야 했다.

엄마표 영어 4년 만에 수능 모의고사 만점의 성과를 이룬 김도연 선생님은 저서 『영어 공부 잘하는 아이는 이렇게 공부합니다』에서 다음과 같이 말했다.

"행복이[62])에게 주 5회 30분씩 화상영어를 시켰습니다.…화상영어 수업이 얼마나 효과적일지 의아하실 거예요. 한 대학에서 초등학생 의사소통 능력과 정의적 영역에 대한 화상영어 수업의 영향을 연구했는데, 결과는 긍정적이었다고 해요. 연구는 4학년 아이들을 대상으로 이루어졌습니다. 아이들을 A집단과 B집단으로 나눈 뒤, 12주에 걸쳐 A집단은 주 2회 중 한 시간을 화상영어로 수업했고, B집단은 정규수업 그대로 시행했습니다. 그 결과 원격 화상영어 수업을 실시한 A집단의 리스닝과 스피킹 능력이 유의미하게 향상됐고 영어에 대한 흥미가 더 높아진 것으로 나타났습니다."

이렇게 성과가 있는 화상영어 수업을 실질적으로 잘 활용하려면 해결해야 할 문제들이 많았다. 그때 마침 한국 최고의 교육기업 청담 필리핀의 대표님을 만나 그 문제들을 모두 해결할 수 있었다. 두 아이의 엄마로서 그동안 경험했던 필리핀 화상영어의 단점을 없앤 탄탄한 프로그램을 만들기 위해 많은 노력을 기울였다.

1. 학부모님이 연락하면 바로 응대할 수 있도록 했다. 필리핀 직통 센터 연락처 외 핸드폰 직통번호와 카카오톡, 채널 등으로 학부모님들은 관리자와 즉시 소통이 가능하다.

2. 오프라인 교재와 함께 공부한다. 한글책도 매일 읽어야 실력이 오른다. 나는 하루 한 권 영어책 읽기를 추구하여 아이들이 매일 책을 볼 수 있도록 단계별 도서와 단어장, 워크시트를 택배로 발송한다. 종이책을 손에 들고 복습과 예습을 하며 공부하면, 수업시간에 화면으로만 보고

잊히기 쉬운 기억들을 오래 남길 수 있다.

3. 기존의 화상영어는 매일 일정한 패턴의 대화가 반복되어 똑같은 이야기만 계속하고 있는 모습을 발견하게 된다. 매일 새로운 책을 읽으며 공부하면 대화의 주제가 바뀌어 매일 새로운 대화를 나누게 된다.

4. 영어책도 읽고 스피킹 실력도 올리고 두 마리 토끼를 잡는다. 영어책 읽는 화상영어를 통해 사고력과 말하기를 한꺼번에 향상시킬 수 있다.

5. 정기적인 수업 모니터링과 평가시험으로 실력확인이 가능하다. 홈페이지에 필리핀 선생님들의 평가서가 올라오지만, 아이의 수업 모습을 볼 수 없어 잘하고 있는지 나는 항상 답답했다. 그 답답했던 부분을 해소하기 위해 모니터링 전문 선생님이 아이의 수업 영상을 모니터링한 뒤 보고서로 작성해 학부모님께 전송하도록 하고 있다.

또한 수업만 재미있어하고 실제 시험성적은 변변치 않은 경우가 많다. 주기적으로 평가 시험을 보고 레벨을 조정하며, 부족한 부분을 상담하여 보강한다.

6. 회원 한 명당 관리 인원이 많다. 아이는 한 선생님과 수업을 진행하지만 선생님 외에 여러분들의 힘이 필요하다. 스케줄 관리를 위한 필리핀

의 매니저, 필리핀 강사님들의 수업 테크닉을 책임지는 필리핀 현지의 강사팀, 인터넷과 홈페이지 등 기술을 책임지고 있는 필리핀의 IT팀, 수업 모니터링을 위한 모니터링 선생님, 평가시험을 담당하고 있는 한국의 교육팀장 이렇게 여섯 명의 관심과 노력으로 원활한 수업진행이 가능하다.

7. 집에서 학부모님이 하기 힘든 부가서비스를 제공한다. 다양한 책 읽기를 위한 프로그램 〈슬로리딩〉은 회원이면 누구나 레벨에 맞추어 무료로 수강할 수 있다. 이외 방학 문법 특강, 필리핀 영어캠프 등 참여가 가능하다.

영어책 읽기는 누군가 아이와 함께해주어야 한다. 내가 잘 되던 학원을 매각하고, 작은 규모의 공부방으로 옮겼던 것은 아이와 함께하는 영어책 읽기를 하고 싶었기 때문이다.

엄마가 아이와 영어책을 읽다 보면 중간중간 넘어야 할 산들이 많다. 지금 잘하고 있는 것인지, 지금 수준에서는 어떤 책을 읽혀야 하는지, 실제 실력은 오르고 있는 것인지, 단어는 외워야 하는지, 스피킹은 어떻게 해줘야 하는지 궁금한 물음이 끊임없이 생긴다.

영어 선생님인 나도 이러한 질문의 답을 혼자 찾기가 쉽지 않았다. 그

래서 많은 전문가들의 도움을 받아 내 아이들을 가르치고 있다. 6명의 전

문가들과 함께 갈 수 있으니 언제라도 편히 기대기 바란다.

07

필리핀 영어캠프 :
화면 너머로만 보던
선생님을 만나러 가자

"우선 도버해협을 건너 프랑스 파리로 가서 프랑스 상류 사회의 각종 예법과 언어를 배웠다. 그다음에는 스위스 제네바를 거쳐 알프스를 넘고 이탈리아 북부를 지나 로마로 가서 유적지를 돌아보았다. 유적지 순례가 끝나면 피렌체와 피사, 베네치아에서 르네상스와 고전 예술을 공부했다. 그리고 나폴리로 내려가 고대 그리스 로마 유적지인 폼페이와 헤르쿨라네움을 돌아본 후 베수비오 화산을 방문하면 여정은 끝이 났다. 여행이 길어지면 시칠리아와 그리스까지 내려가는 경우도 있지만 보통 이쯤에서 여정을 마치고, 돌아오는 길에 독일어권 나라들을 둘러보았다. 스위스의 인스부르크, 독일의 베를린. 하이델베르크. 뮌헨, 네

덜란드의 암스테르담을 거쳐 영국으로 돌아오는 것이 일반적인 코스이다."

'그랜드 투어'에 대한 두산백과의 설명이다. '그랜드 투어'는 17~19세기 영국의 귀족 자녀들의 여행을 일컫는 말이다. 나는 이것이 해외캠프의 첫 시작이 아니었을까 생각한다. 이 여행은 혼자 가는 것이 아니라 가정교사 두 명, 통역관, 하인을 대동했다고 한다. 또 각 나라를 마차로 다녀야 하는 여정에는 엄청난 비용이 들었고, 그래서 이러한 여행은 영국 상류층의 전유물로 부를 과시하기 위한 수단으로도 사용되었다고 한다. 해외캠프라는 것이 여전히 부유한 사람들의 전유물이라는 이미지가 있는 것이 이런 기원에 있는 듯하다.

영국의 귀족들은 이 험난한 여행에 금쪽같은 자식을 보내며 무엇을 바랐던 걸까? 그랜드 투어를 떠나는 젊은 귀족들은 평상시 투어에 대한 배경지식을 착실히 쌓았다고 한다. 그들이 이탈리아에 도착해 음악과 미술을 생생하게 보고 느끼게 하기 위해서이다. 청나라 문물에 심취했던 젊은 김정희가 아버지를 따라 청나라를 다녀온 뒤 더욱 큰 학문적 발전을 이루었듯이, 이러한 여행은 단순 관광이 아닌 삶을 바꾸는 계기가 되는 여행일 것이다.

중학교 시절 펜팔이 유행이었던 적이 있다. 펜팔은 '펜(pen)'으로 만나는 친구(pal)'라는 의미로 편지를 주고받는 친구를 의미한다. 지금 우리가 SNS와 인터넷을 통해 소통하는 것처럼 인터넷이 없던 시절, 사람들은 편지를 통해 소통하고 싶어 했다. 특히 외국인 친구를 만나고 싶어 하는 사람들이 펜팔을 많이 했었는데, 그런 사람들에게 펜팔을 주선해주는 회사가 있었다. 그 회사에 나를 소개하는 편지와 몇천 원의 등록비를 내니 펜팔 친구를 소개해주었다. 내게도 외국인 친구가 생기고, 그 친구와 영어로 편지를 주고받는다는 생각에 그 회사에 가입한 날부터 잠도 오지 않았다.

나의 펜팔 친구는 일본인이었고 우리는 서로 서툰 영어로 친해져갔다. 사진을 편지에 넣어 보내고, 과자나 우표 같은 작은 선물을 나눴다. 그렇게 몇 번의 편지를 주고받고 나니, 나는 이 친구가 너무 보고 싶었다. 보고 싶었지만, 중학생인 내가 해외를 갈 방법은 없었다. 볼 수 없다고 생각하니 자연스레 멀어지게 되었고 편지는 끊겼다. 내가 이 친구와 만났다면, 일본으로 '그랜드 투어'를 갔다면 지금의 내 삶은 어땠을까?

나는 화상영어 독서 사업을 하며 여러 아이의 수업 모습을 녹화영상으로 본다. 지금은 중학생이 된 회원 H는 수업시간에 자신의 햄스터가 뛰어노는 모습이라며 영상을 찍어 선생님께 보여주었다. 해리포터를 좋아하는 M은 영국에 갔을 때 사 왔다는 해리포터 망토를 입고, 마법 지팡이를 흔들며 선생님의 소원을 들어주겠다고 한다. 여중생 J는 수업시간에 공부하는 도서인 『Anna and the painted eggs』[63]를 공부하며 엄마가 교회에서 만들어 오신 것이라며 부활절 달걀을 보여준다. "다음에 만나면 드릴게요."라고 예쁘게 말한다. 나는 '다음에 만나면'을 현실로 만들어주고 싶었다. 내가 일본의 펜팔 친구를 만나고 싶었듯이.

우리 회원 중 해외에 살거나 국제학교를 다니는 친구들을 제외한 대부분의 아이에게는 자신의 이야기를 오롯이 들어주는 외국인은 화상영어 선생님이 처음이다.

학원에 가도 외국인 선생님은 있지만 수업하느라 아이들과 개인적인 이야기를 나누기는 쉽지 않다. 화상영어 독서 프로그램을 수강하기 전 모든 회원은 미리 수업을 해보는 체험 수업을 진행한다. 그때 학부모님들이 많이 하는 이야기는 "우리 애는 한마디도 하지 않을 것 같아요. 한 번도 해본 적이 없거든요."이다. 수업을 해보고 나면 아이들의 반응은 예측과 다른 경우가 많다.

부모님은 영어 공부라는 목적의식으로 수업을 보지만, 아이들은 선생님과 만나며 새로운 경험을 하게 된다. 공부를 매개로 '사람'과 만나는 것이다. 이렇게 만난 아이와 선생님은 온라인을 통해 오랜 기간 서로의 이야기를 나누며 관계를 쌓아간다. 엄마한테 혼났다며 울면서 하소연을 하는 날도 있고, 오늘 학교에서 상을 받았다며 흥분해서 자랑하기도 한다.

고 이어령 장관은 저서 『디지로그』를 출간하며 "정감 있고 온기 있는 디지털 문화를 이룰 때 우리는 후기정보화사회의 진정한 리더가 될 수 있을 것이다."라고 말했다. 나는 온라인 디지털에 기반을 둔 관계에, 오프라인의 아날로그 감성을 더하는 교육, '디지로그' 교육을 지향한다. 화상영어 캠프가 이러한 '디지로그' 교육을 가능하게 하는 하나의 대안이 될 것이다.

현재 영어캠프를 갈 수 있는 나라는 미국, 캐나다, 영국, 뉴질랜드, 호주와 필리핀 등이 있다. 2020년 2월 우리 회원들은 화상영어 선생님들이 계시는 필리핀으로 캠프를 다녀왔다. 그때의 하루하루를 블로그에 담아 두었다. 코로나가 막 시작되며 긴장감이 있었던 시기라 예약했던 친구들이 줄줄이 취소하여 아쉬움이 있던 캠프였다. 나는 인천공항에서는 예약한 몇몇 친구와 함께 떠났고, 필리핀 현지 도착해서 다른 팀과 합류했다.

캠프의 장소는 필리핀의 휴양지 보라카이가 있는 파나이섬의 남쪽 일로일로라는 교육도시였다. 산 중턱 숲속에 위치한 연수원이었고 외부와 출입이 통제되어 있어 안전이 보장되었다.

연수원 안에는 강의실 외에도 낚시터, 암벽등반, 짚라인 등이 있어 쉬는 시간을 재미있게 보낼 수 있었다. 낚시를 하는 액티비티 시간에는 아이들이 지렁이를 끼우지 못해 필리핀 선생님이 모두 끼워주시느라 애를 쓰셨다.

캠프 장소에 도착해 식사를 한 뒤 잠시 휴식을 한 뒤 레벨 테스트가 진행된다. 레벨 테스트는 지필 평가와 인터뷰, 2가지 방법으로 진행된다. 평가 시험의 결과에 따라 아이의 수준에 맞는 독서 레벨과 선생님을 배정받는다.

우리가 진행하는 캠프는 영어 독서를 중심으로 구성하여, 미국의 스콜라스틱 가이디드 리딩 프로그램으로 공부했다. 오전에는 일대일 집중 독서수업을 하고, 오후에는 다양한 액티비티와 영어 독서 논술 수업을 진행했다.

영어 독서 논술 프로그램은 우리나라 초등 교과서 수록도서인 『The giving tree』(아낌없이 주는 나무)로 선정했다. 『The giving tree』는 그림과 글이 아름답게 어우러져 있고, 글밥이 많지 않아 아이들이 부담 없이 쉽게 읽을 수 있는 수준의 책이다. 하지만 그 안에 포함된 의미가 깊고 생각해볼 것이 많아 우리나라 초등 3학년 교과서에 수록되어 있는 도서이기도 하다. 캠프에서 사용한 교재는 논술 교재의 저자인 남편이 집필한 초등교과논술 교재를 영어로 제작하여 자신의 생각을 글로 표현하도록 구성했다.

'여러분 주위에 이 나무처럼 조건 없이 주는 사람은 누구인가요? 그리고 그것은 무엇인가요?'

영어논술 교재의 질문이었다. 아이는 이 질문에 대해 자신의 생각을 'My mom give me a love and my dad give me a fun.'이라고 적었다. 아이가 쓴 문장이 문법에 맞지 않는다고 지적하지 않는다. 빨간펜 수정은 나중에 몰래 하면 된다. 논술 수업시간은 아이의 글에 집중해 공감하며 대화를 나눈다.

그렇게 작성한 글은 필리핀 선생님과 인터뷰의 형식으로 발표 영상을 제작해서 부모님들께 전송했다. 자신이 쓴 글이니 더 잘 외워져서 조금의 연습으로도 쉽게 촬영을 할 수 있었다. 영상 촬영을 마치고 마음이 가벼워진 아이들과 워터파크에 가서 주말 동안 신나게 놀고 왔다.

캠프를 마치고 한국에 돌아와 화상수업을 통해 선생님과 다시 만난다. 캠프를 통해 깊어진 선생님과 아이의 관계는 더욱 알찬 수업시간을 만든다.

캠프에 참여하기 전에 수업을 받지 않았던 친구들도 한국에 돌아와 선생님을 계속 만나기 위해 수업을 시작한다. 자발적인 동기로 시작한 영어 공부는 출발부터 높은 효과를 낳는다. 다음에 선생님을 다시 만날 캠프를 또 기다리게 되어 꿈에 부푼 즐거운 영어 시간이 된다.

코로나 상황의 추이에 따라 빠르면 2023년 1월 즈음 캠프를 다시 시작할 수 있을 것 같다. 이번 캠프는 마닐라 중심으로 가족과 함께할 수 있는 프로그램도 추가로 진행할 계획으로 청담 필리핀의 대표님과 협의 중이다.

　아이가 만나 정을 쌓은 첫 외국인 선생님, 네모난 화면을 넘어 직접 만나러 간다. 그동안 공부하며 쌓았던 이야기보따리를 풀어놓는다. 선생님을 생각하며 준비한 선물을 전하며 아이들은 자신이 왜 그 선물을 골랐는지 애써 설명을 하며 마음을 전한다.

　몸으로 느낀 것, 체험한 것은 잊히지 않는 추억으로 남는다. 우리 아이에게 추억의 한 페이지, 영어에 대한 즐거운 기억이 쌓인다. 이제 화면 너머로만 보던 선생님을 만나러 가자.

5장

내 아이를
가르치려 찾아낸
최고의 영어 공부법

ENGLISH

미국 아이 공부법으로
한국 아이를 가르치니
삐그덕

내가 가르치는 아이들을 위해 처음으로 구입했던 영어책 제품은 미국 스콜라스틱 출판사의 가이디드 리딩 레벨드 북스(Guided Reading Leveled Books)였다. 이 책은 내가 캐나다의 초등학교에서 교생을 하고 있을 때 학교 창고에서 보았던 책이다. 창고의 바닥부터 천정까지 하얀 상자가 빼곡히 쌓여 있었는데, '스콜라스틱'이라는 빨간 글씨가 새겨진 수십 개의 하얀 상자가 너무도 예뻤다. 이 프로그램은 미국의 아이들에게 읽기를 지도할 목적으로 만들어졌는데 난이도가 비슷한 책들을 수준별로 구성한 읽기 시스템이다. 단계는 가장 쉬운 수준인 A레벨로 시작해 가장 어려운 수준인 Z 레벨까지 총 26단계로 구성되어 있다. 단계별로 30권의 도서가 있으며, 픽션(이야기글)과 논픽션(지식전달글), 교과과정 도서가 열 권씩 골고루 섞여 있어 균형이 잘 잡혀 있었다. 총 780권의 책이 교습소로 들어오던 날의 흥분이 아직도 생생하다.

"애들아~ 너희들이 실컷 볼 수 있게 선생님이 미국에서 책을 사 왔어. 얘네 어제 비행기 타고 왔어. 만져봐 따끈따끈하지? 선생님이 너희한테 주는 선물이야. 이제 재미있는 책 많이 볼 수 있어!"

내가 책을 샀던 13년 전에는 공공 도서관에 지금처럼 다양한 영어책이 비치되어 있지 않았다. 영어책은 교보문고와 같은 대형서점을 가도 종류가 많지 않고, 비싸기도 해서 사기가 쉽지 않았다. 780권의 책을 받아들고 흥분한 선생님이 자신들에게 선물한다고 하니 아이들은 그저 좋아했다. 책이 도착한 주말 남편과 단계마다 영역별로 구분해서 리스트를 만들고, 한 권 한 권 정성스레 스티커를 붙였다.

외국 사람들이 자신의 아이를 가르치는 방법으로 한국에서 내 아이를 가르치리라. 캐나다에서 자격증을 따며 배운 영어 지도방법과 캐나다의 초등학교에서 관찰한 교육방식 그대로 가르치려 최선을 다하기 시작했다.

"Hello, guys. How are you today? We're gonna read…."

나의 모든 수업은 영어로 진행되었다. 교육회사에 근무할 때부터 영어로 수업을 하는 것이 습관이 되어 있었다. 최대의 노출을 주기 위한 지도 방침이었다. 캐나다를 다녀온 뒤 영어로 수업을 해야 한다는 집착이 더 강해졌음은 물론이고 그것이 영어 선생님으로서의 프라이드를 높여주기도 했다.

우리나라는 필리핀이나 싱가포르 등 영어를 제2외국어로 사용하는 나라와 달리, 영어를 외국어로써 접하는 환경이다. 필리핀 사람들은 일상 생활을 할 때는 필리핀의 언어인 타갈로그를 사용한다. 하지만 학교나 TV 방송, 직장 등에서는 영어를 공식 언어로 사용하기 때문에 영어로 말하고 싶지 않아도 말해야 하는 환경이며, 듣고 싶지 않아도 들린다.

반면 우리나라에서는 외국어인 영어를 접하기 위해서 의도적인 노력이 있어야 한다. 영어 공부를 위해 시간을 내어야 하고, 팝송을 찾아 들어야 하고, 의식적으로 영어책을 찾아 읽어야 한다. 나는 아이들이 나와 공부하는 이 시간이 아니면 영어를 듣고 말할 기회가 없다는 것을 알기에 최대한의 노출을 주기 위해 더욱 노력했다.

"Teacher, what does it mean? Duke?"

어느 날 책을 읽던 아이가 단어의 뜻을 몰라 물었다. 'duke'는 공작이라는 뜻의 단어로 귀족의 작위이다. 질문을 받은 나도 백작이나 공작은 단어의 뜻만 알았지 누가 높고 누가 낮은지 전혀 몰랐다. 그저 왕보다 낮다는 것만 알고 있어 그렇게만 대답해주었다.

"A duke is a person who is below a king."

이번에는 아이가 'Prince?' 하고 다시 물었다. 왕 아래에 있다고 하니 왕자가 아닌지 물은 것이다.

"A duke is below a prince."

나는 칠판으로 가서 보드마카로 그림을 그렸다. 왕을 가장 위에 동그라미로 그리고 'king'이라고 썼다. 그리고 그 아래 동그라미를 하나 더 그리고 'prince'라고 썼다. 그리고 그 아래 동그라미를 하나 더 그려 'duke'라고 썼다.

"Is he 하인?"

하인이라는 단어를 모르는 아이가 혹시 duke가 하인이냐며 한국말을 섞어 다시 물었다. 아이는 노예, 백성, 거지 등의 단어들을 얘기했고 결국 나는 한국말로 "백작 부인, 공작 부인 할 때 공작이야."라고 얘기해주었다. 귀한 수업시간 10분을 보낸 뒤 한국말로 이야기해주자 아이는 1초 만에 이해했다. 마치 열두 고개 게임을 하듯 아이와 영어로 주고받는 상황이 재미있기도 하고, 그렇게 오가는 대화가 스피킹 연습 삼아 의미가 있을 수도 있다고 생각할 수도 있을 것이다.

하지만 나는 아니었다. 내게 영어 공부는 빨라야 한다. 외국 아이들이 배우는 방식으로 가르쳐야 한다는 나의 생각은 한국말이 영어를 배우기 위한 사다리로 사용될 수 있겠다는 것으로 바뀌었다. 더 빠르게 올라갈 수 있을 것 같았다.

나는 어학원에 근무하며 파닉스를 지도할 때 미국의 교재를 사용해왔다. 300쪽가량 되었던 그 책은 3단계로 되어 있어, 그 교재만 가지고 1년이 넘도록 파닉스만 가르치는 학원도 많았다. 나는 이 파닉스를 갈아엎기로 했다.

영어로 수업하며 미국 아이들에게 가르치듯 지도하던 방식을 바꿔 한국말을 사용하며 읽기의 규칙을 빨리 인지할 수 있도록 했다. 한글 받아쓰기가 가능한 친구들은 한 번의 수업으로도 읽기가 가능했다. 들리는 소리가 어떻게 글로 변화되는지 인지가 이미 되어 있는 아이들은 영어 소리를 듣고 글자와 매칭하는 것을 금방 이해했다. 나와 공부하는 아이들 대부분은 한 달이면 파닉스를 마치고 본격적인 영어 학습을 빠르게 시작할 수 있었다. 아이들은 그만큼 시간을 벌었다.

미국의 말, 영어를 배우니 우리 아이들은 미국의 교과서로 영어를 가르치자는 생각으로 미국 교과서로 가르친 적이 있다. 한때 미국 교과서를 공부하는 것이 유행이기도 했고, 나는 어학원에서 방학 캠프로 미국 교과과정 전 과목을 영국인 선생님과 함께 지도한 적이 있었다.

교과과정이라는 것은 장기적 교육목표에 맞추어 자기 나라의 아이들을 가르치고자 하는 과정이다. 영어 실력이 유창하고 학습의욕 높은 아이들은 미국 교과과정을 공부하며 실력이 많이 올랐다. 얼마 뒤 해외 초등학교로 유학을 갈 예정이 있었던 친구들은 학습 동기가 명확한 만큼 열심히 공부하고 많은 도움을 받았다.

하지만 한국 학교의 수업시간도 쉽지 않은 아이들, 영어가 자유롭지 않은 아이들에게는 미국 교과과정을 이해하는 것은 상당한 부담이었다. 어려운 버전의 또 다른 영어 공부밖에 되지 않았다. 게다가 미국 교과서는 책의 두께도 대학 전공 서적만큼 두꺼워서 두세 권만 들어도 어깨가 빠질 지경이다. 가격도 엄청나게 비쌌다.

나는 남편과 함께 영어 독서와 한글 독서논술을 함께 하는 교육사업을 하고 있다. 초등 교과논술과정의 저자이자 논술 선생님인 남편이 초등학교 5학년 국어 교과서에 나오는『니 꿈은 뭐이가?』[64]를 공부할 때였다. 이 책은 120년 전 한국에 태어난 한 여자아이가 하늘을 날고 싶다는 꿈을 갖고, 결국 그 꿈을 이루어 한국 최초의 여자 비행사가 된 권기옥에 관한 이야기 글이다.

"그때는 일본이 조선을 다스리고 있었어. 일본이 조선 땅을 빼앗았거든. 조선 사람들은 거리로 몰려나와 소리쳤어. 나도 친구들과 거리로 몰려나와 소리쳤어.

"일본은 물러가라!"

"조선 땅에서 물러가라!'"

『니 꿈은 뭐이가?』의 이 부분을 읽으며 남편이 아이에게 질문했다.

"이날을 기념하는 날이 있는데 무슨 날이지?"

"그런 일이 있었어요? 일본이 우리나라를 빼앗은 적이 있었어요?" 하고 아이가 되묻는다. 아이가 혹시 일제강점기를 모르고 있는가 싶어 무척 당황스러웠지만, 수업을 이어나갔다. 교재에 '3·1절'이라고 글씨로 써서 힌트를 주었다. '삼일절'을 알려주면 이날이 만세운동을 기념하는 날이란 것을 연결할 수 있을 것으로 생각했다.

"삼-쩜-일-절이요?"

3·1절이라고 써준 것을 숫자와 기호 그대로 '삼점일절'이라고 읽은 것이다. 아이는 강남의 주상복합에 살고, 반에서는 항상 1등인 초등 5학년 남자아이이다. 아이에게 3월 1일은 그냥 빨간 글씨의 쉬는 날인 것이다. 같은 주상복합아파트에 사는 6학년 아이는 6학년 국어 교과서에 실려 있는 『구멍난 벼루』에 나오는 '논어'를 보고 민어와 같은 물고기냐고 묻기도 했다고 한다. 이 친구도 반에서 성적으로는 1등을 놓치지 않는 아이다. 미국의 교과서보다 한국의 교과서를 더 봐야 할 것 같지 않은가.

02

어느 날 갑자기
쉬워지는
영어책 읽기

화상영어 독서 프로그램을 공부하는 친구들은 매일 한 권씩 읽을 수 있도록 공부할 도서의 일정이 짜여 있다. 아이들이 공부하는 이 책들은 단어도 꼼꼼히 점검하고, 선생님과 대화도 나누며 자세히 공부하는 정독용 도서들이다.

또한, 책 읽기가 끝난 뒤 독후 활동으로 그래픽오가나이저[65]나 퀴즈를 풀고, 서술형 질문에 영작을 하는 독후활동도 진행된다. 〈리딩365〉 화상영어 독서 프로그램은 이렇게 꼼꼼히 공부하는 정독 프로그램이다.

아이들의 영어실력을 더욱 빠르고 폭넓게 올리기 위해서는 이러한 정독 활동과 함께 다독 활동이 필요하다. 나는 꼼꼼히 공부하는 정독과 다양하게 많이 읽는 다독을 함께하기를 강력히 추천하고 있다. 우리가 생활하는 환경이 미국이나 캐나다와 같이 영어에 온전히 노출되어 듣고 말할 수 있는 환경이라면 정독만으로도 실력이 오를 수 있을 것이다. 하지만 우리나라에서 영어를 익히려면 정독과 다독이 골고루 이루어져야 실력이 올라가게 된다.

〈리딩365〉 화상영어 독서 프로그램을 공부하는 아이들은 보통 3~4개월에 한 단계씩 레벨이 올라간다. 나는 레벨이 올라간 뒤 꼭 예전에 공부했던 책을 다시 보여준다. 대부분의 아이는 예전에 공부했던 단계의 책들을 다시 보면 "이렇게 쉬웠어요?" 하며 깜짝 놀란다. 예전에 그렇게 어렵게 느껴졌던 책이 이렇게 쉬운 수준이었나 의아해한다. 동시에 자신의 실력이 늘었음을 뿌듯해하며 신기해한다. 이렇게 실력을 차곡차곡 올리기 위해서는 정독과 다독이 어우러져야 한다. 정독 수업은 외국인 선생님과 가능하지만, 다독은 집에서 스스로 해야 하기에 잘되지 않을 때가 많다. 실력향상을 위해 꼭 필요한 다독 부분이 집에서 혼자 해야 하는 이유로 잘되지 않기에, 이 문제를 해결하기 위해 고심을 많이 했다. 고민 끝에 '슬로리딩'이라는 소설 낭독 시간을 만들었고, 지금까지 2년이 넘도록 진행해오고 있다.

'슬로리딩'은 빠르게 후딱 해치우는 패스트푸드의 반대개념인 '슬로우

푸드'처럼, 빠르게 공부하는 짧은 글이 아닌 한 권의 책을 느리게 읽는 방법이다. 이 '슬로리딩'을 통해 아이들은 소설을 부담 없이 읽어내며 흥미를 느낄 수 있다.

슬로리딩 프로그램은 다섯 명 정도의 아이들이 한 팀을 이루어 필리핀 선생님과 진행된다. 선생님 주도하에 아이들은 돌아가면서 소설을 소리 내어 읽는다. 아이들은 돌아가며 자신의 분량만큼 낭독하고, 다른 친구가 읽어주는 소설을 듣는다. 이렇게 일주일에 두 번 낭독 시간을 통해 한 달에 100쪽 정도의 소설을 읽을 수 있다. 100쪽 중 20쪽 정도를 아이가 직접 낭독하고, 80쪽 정도는 듣는다.

영어 소설은 일단 글자의 크기가 작고, 그림이 거의 없으며, 종이가 거칠거칠한 갱지로 되어있어서 처음 접한 아이들은 낯설고 부담스러워서 한다. 한글을 읽을 때도 그림이 많은 동화에서 문고서적으로 레벨을 올리며 글밥을 늘려주듯 아이가 읽는 영어책의 수준도 조금씩 올려주어야 한다.

소설 읽기는 영어공부를 하며 넘어야 할 고비와도 같은 과정이다. 꼭 영어소설을 읽어야 하는 이유는 더 많은 영어 노출이 가능하기 때문이다. 동화책과 소설을 각각 10분씩 읽는다고 할 때, 동화책에는 20개의 문장 정도에 노출할 수 있다면, 소설에는 약 200개의 문장을 만날 수 있다.

동일한 시간을 투자해서 열 배 더 많은 글에 영어 노출이 가능하다.

　이렇게 글이 많다 보니 때로는 소설 단계로 넘어가기가 마치 장벽처럼 느껴진다. 동화에서 소설로 넘어가기 위해 집에서 어머니들은 아이에게 소설을 밀어넣어 봤다가 거부하면 다시 동화로 돌아가고, 얼마 뒤 다시 소설을 쥐어줘보기도 하는 등 반복을 하기도 한다. 길게는 몇 년간 소설 수준으로 올라가지 못하고 제자리를 맴도는 아이도 있었다.

　그만큼 소설로 레벨을 올리기가 쉽지 않다. 하지만 한번 레벨이 올라가 소설의 맛을 보게 되면 그만 읽으라 해도 계속 읽는 때가 오기도 한다. 소설 읽기를 통해 이해할 수 있는 양도 폭발적으로 늘어나고, 마치 한 편의 드라마를 보듯 머릿속에 소설이 그려지는 재미를 맛보게 되면, 책을 보며 웃고 울고 하는 아이를 발견하게 된다.

　'슬로리딩'은 이 소설로의 진입을 부드럽게 하는 역할을 한다. '슬로리딩'은 내가 읽어주기도 하지만, 다른 친구들이 읽어주는 것을 듣기 때문에 부담 없이 책 한 권을 끝낼 수 있다. 또 다섯 명 팀원 중에 좀 재미난 친구가 한 명씩은 꼭 있기 마련인데 그 친구들이 성대모사도 해가면서 재미있게 책을 읽어주니 더욱 흥미를 가지고 읽게 된다. 누런 갱지에 글자가 작은 소설을 부담스러워하던 아이들도 금세 적응하며 재미있게 읽는다.

　이렇게 부담이 낮아졌을 때 꼭 해야 하는 활동이 '집중듣기'이다. 집중듣기는 책을 읽어주는 오디오북을 들으며 눈으로 책을 보는 것을 말한다. '눈으로 읽기'라고도 하는 이 집중듣기를 챕터북 기준 하루 한 권씩, 약 40~60분가량 하기를 추천한다. 책은 아이가 좋아하는 어느 것이라도 좋다.

초등학교 5학년 K는 또래에 비해 낮은 단계로 화상영어 독서 프로그램을 시작했다. 한 페이지에 한두 문장이 있는 매우 쉬운 책으로 시작했기에 초등 5학년의 인지수준에 맞는 단계로 빠르게 올라갈 필요가 있었다. 다행히 아이도 열심히 따라와주었고 어머니도 매우 적극적으로 참여해주셨다.

K가 공부를 시작한 지 6개월 즈음 되었을 때 '슬로리딩' 소설 낭독을 도전해보기로 했다. 그때 K가 신청했던 책은 작가 로알드 달의 작품 중 『The Magic Finger』였다. 개인적으로 나는 이 책을 아주 좋아한다. 로알드 달의 위트와 재치가 넘치는 스토리와 빠른 전개, 짧은 문장으로 가볍게 읽기가 아주 좋다. 60쪽 정도의 얇고 쉬운 이 소설을 읽고 K는 영어소설의 세계에 푹 빠졌다. 재미를 본 것이다.

K의 어머니는 K가 챕터북이 재미있다고 많이 사달라고 했다며 기쁜 목소리로 전화를 했었다. K는 하루 한 권, 많게는 서너 권씩 집중듣기를 했다. 공부하던 화상영어 독서 프로그램은 4단계를 한꺼번에 올라갈 정

도로 실력이 늘어, 아이도 놀라고 어머니도 놀랐다. 또 약간 어렵긴 하지만 해리포터가 읽고 싶다고 해서 도전하기도 했다. K에게는 그만큼 소설에 대한 부담이 사라지며 쉽게 느껴졌던 것이다.

조금 어렵게 느껴져도 소설 한 권을 읽고 나면 한층 올라간 실력을 체감하게 된다. 소설 한 권을 읽은 뒤 예전에 공부하던 책을 보여주면 "어? 쉽네!"라는 말을 하게 된다. 그렇다고 아이가 모든 내용을 100% 이해하는 것은 아니다. 실질적으로 정독을 해보면 단어를 모르거나 복잡한 문법으로 쓰인 문장도 있어 정확히 이해하지 못하는 부분도 있다. 그래서 정독과 다독이 함께 어우러져야 실력이 탄탄하게 올라가는 것이다.

하루하루 새로운 책을 읽다 보면 어느 날은 어려운 것 같기도 하고, 다음 날은 쉬워지는 것 같기도 한 모호한 느낌이 들 때가 있다. 이때 실력이 늘고 있는 것인지, 정체되어 있는 것인지 판단하기가 어렵게 보이기도 한다. 이럴 때 꾸준히 매일 읽어라. 그렇게 읽다가 3개월이 지난 뒤 처음 봤던 책을 다시 한번 읽어보라. 아주 쉽게 느껴질 것이다.

하루하루 영어책을 읽을 때는 느릿느릿 기어가는 거북이처럼 느껴지지만, 시간이 지난 후 돌아보면 훌쩍 성장해 있는 내 모습을 보고 깜짝 놀라게 된다. 어느 날 갑자기 쉽게 느껴지게 된다. 영어책 읽기, 느려 보이지만 가장 빠른 길이다.

믿어라!
영어책 읽기는
100% 실력으로 돌아온다

나는 캐나다에서 돌아온 뒤 어학원에서 아이들을 가르치기 시작했다. 100여 명의 아이를 영국, 미국 선생님과 한 팀을 이뤄 교대로 지도했다. 평상시 수업은 코스북으로 진행하고 방학 때는 특강으로 미국 초등학교 교과서를 지도했었다.

코스북이란 마치 영어의 종합선물상자와 같은 교재로 한 권의 교재 안에 듣기, 말하기, 읽기, 쓰기, 어휘와 문법까지 모두 포함되어 있다. 출판사에 따라 5~8단계로 레벨이 나누어져 있으며, 수업용 교재와 워크북,

CD로 구성되어 있다. 선생님들은 책만 따라가며 지도하면 되어 수업하기가 아주 편리하다.

학원에서 이 교재로 주 5일 동안 수업을 진행하면 일주일에 한 유닛씩 빠듯하게 진도를 나갈 수 있었다. 월요일은 일상회화 두세 문장을 배우고, 화요일은 어휘를 5~10개 배우고, 문법, 읽기, 쓰기 등의 순서로 진행하는 방식으로 일주일간 수업을 하고, 매일 워크북으로 다지기를 한다. 대부분 코스북의 워크북은 오리기, 색칠하기 같은 공작 활동이 많아 시간 소요가 많았다.

어린이날 받았던 종합선물세트는 항상 느끼지만 좋아하지 않는 것이 꼭 끼어 있다. 나는 사브레를 좋아하지 않았는데 선물상자에는 사브레가 꼭 끼어 있었다. 종합선물세트 같은 코스북에도 그렇게 마음에 들지 않는 부분이 있다. 하나의 교재에 언어의 모든 영역을 골고루 탑재하려다 보니, 반대로 어느 하나 실력이 월등하게 오르지 않는 구성이다. 모든 영역이 느리게 조금씩 향상된다. 초등 5학년 수준이면 적어도 코스북 기준 4단계 정도는 해야 하는데 영어를 처음 시작하는 5학년이라면 4단계까지 가는 데만 1년이 넘게 걸린다. 빠르게 실력을 올려야 하는 아이들을 가르치며, 급한 성격의 나에게는 이런 구성이 너무도 답답하게 느껴졌다. 시간이 아까웠다.

느리게 실력이 오르는 것 외에도 문제점이 있었다. 모든 영역을 골고루 조금씩 공부하다 보니 코스북을 마쳐도 듣기가 살짝 부족하고, 문법도 부족하고, 읽기도 완성이 되지 않아 모든 영역의 실력을 올리기 위해서는 다시 공부해야 했다. 일반 어학원에 다니는 아이의 책가방을 열어보라. 6권의 두꺼운 책이 들어있을 것이다. 문법, 어휘, 듣기, 말하기, 읽기, 쓰기 모든 영역의 책이 한 권씩 있을 것이다. 종합선물세트를 분해해둔 것이다. 이렇게 공부하면 코스북을 할 때보다 확실히 실력이 탄탄해진다. 하지만 아이들의 하루는 제한되어 있어 학원에서 이 모든 것을 공부하기에는 물리적 시간이 부족하다. 그래서 대부분 어학원에서는 하루 1~3시간을 투자해야 할 수 있는 숙제를 내준다.

문제는 어학원을 열심히 다닌다 해도 말하기가 신통치 않은 경우가 흔하다는 것이다. 또한, 읽기를 보강하기 위해 영어 도서관을 다니며 책을 읽거나 신문 등을 따로 보는 아이들이 많다. 이중의 시간을 들여 공부하는 모습을 발견하게 된다.

나는 근무하던 학원을 그만두고 프랜차이즈 가맹점으로 학원을 운영했을 때 고민이 생겼다. 내 아이를 이 프로그램으로 가르칠 수 있을 것인가?

프랜차이즈는 본사가 요구하는 조건을 만족시켜야 운영할 수 있도록 학원장은 통제를 받는다. 주어진 교재를, 주어진 시간 동안, 주어진 기간에 끝내야 한다. 아이들은 학원에 와서 한 시간씩 공부하는데, 당시 본사에서 요구하는 학습 내용은 단어 네 개, 문장 두 개, 워크북이 전부였다. 잘하는 아이는 공부를 더 할 수가 없다, 교재가 빨리 끝나면 교재비가 추가로 들기 때문이다. 얼마 안 되는 이 내용을 공부하는 데 1시간을 소요했다.

이것은 학교의 영어수업도 크게 다르지 않다. 중학교 수업을 보면 A4 한 장도 안 되는 본문을 한 달 내내 공부한다. A4 약 두세 장 분량의 본문으로 중간고사와 기말고사 시험을 본다. 이렇게 적은 분량으로 공부를 하니 영어 실력이 오르지 않는 것은 당연하다.

아이들이 학원에 매일 귀한 한 시간을 내어 영어 공부를 하겠다고 온다. 이렇게 시간을 낭비하듯 공부하게 할 수는 없다는 생각에 본격적으로 시작했던 것이 영어책 읽기였다. 아이들이 편하게 책을 읽을 수 있도록 영어 도서관도 차렸다.

영어책 한 권에는 적게는 열 문장, 챕터북 종류는 약 1,000문장 가까이 읽을 수 있다. 교재와는 비교가 되지 않는 많은 양의 노출이 가능하다. 문법, 어휘, 듣기, 말하기, 읽기, 쓰기 등 책 여섯 권으로 나누어 공부하는 것을 한 권으로 몰아서 집중적으로 할 수 있다. 그것이 영어책 읽기의 매력이다.

영어책은 음원을 들으며 읽기 때문에 듣기가 자연스레 발달한다. 나는 영어책 읽기를 2년 정도 공부한 초등 4학년들에게는 정기적으로 수능영어 기출문제 중 듣기평가를 풀도록 했었다. 아이들은 한두 문제를 제외하고 모두 맞는다. 틀리는 문제는 수능 듣기평가에 꼭 나오는 계산문제가 포함된 문항이다. 수능영어 듣기평가에서의 계산문제는 주로 '전체 금액의 10%를 할인받으면 얼마를 내면 됩니까?'와 같은 문제라 아이들이 많이 틀렸다.

나는 고등학교 때 듣기평가를 공부하느라 이불을 뒤집어쓰고 워크맨을 들으며 공부했던 기억이 난다. 영어책을 읽으면 이불을 뒤집어쓰지 않아도, 따로 시험을 위해 준비를 하지 않아도 그냥 듣기가 된다.

영어책을 매일 읽으니 읽기는 당연히 최고의 실력으로 올라간다. 또 책을 읽으며 따라 말하기 훈련을 많이 하고, 화상영어 독서 프로그램으로 원어민 선생님과 대화하며 공부하니 말하기 발달도 빠르다. 화상영어 독서 프로그램은 통역사들이 하는 필사도 할 수 있도록 교재를 만들어두었다. 또 독후 활동으로 쓰기가 포함되어 있어 쓰기 실력도 향상된다.

단어는 글의 맥락 안에서 익히니 암기하는 것보다 오래 기억에 남는다. 사실 단어는 그 단어 하나만 암기해서는 소용이 없다. 문장 안에서 어떤 역할을 하며 사용되는지를 함께 보아야 한다. 책을 읽으며 단어의 활용까지 동시에 익힐 수 있어 말할 때나 글을 쓸 때 자연스러운 사용이 가능해진다. 또한, 뜻이 여러 개인 단어는 지금 읽고 있는 영어책이나 다음에 읽을 다른 책을 통해서 어떤 의미로 쓰였는지 여러 번 접할 수 있어 암기 없이도 쉽고 빠르게 인지할 수 있다.

영어책을 많이 읽은 아이들은 문법의 오류도 잘 짚어낸다. 우리는 우리나라 말을 할 때 문법용어를 들어가며 설명하지는 못해도 이상한 부분을 알고 고칠 수 있다. 그와 같이 영어책을 많이 읽은 아이들은 문법의 규칙을 자세히 알지 못해도 이상한 부분을 직감적으로 잘 찾아낸다.

학원에서 문법을 암기해서 배운다면 학원을 뒤돌아 나오며 잊어버릴 확률이 매우 높다. 단어를 암기해도 망각곡선 이론에 따라 외운 즉시 망각이 시작된다. 과연 투자한 시간의 몇 %나 실력으로 남아 있는가? 이 모든 사항을 제쳐두고라도 한국에서 영어공부를 이렇게 열심히 하는 이유 중 하나는 수능이다. 혹여 영어책 읽기를 통해 말하기나, 쓰기가 완성되지 않았다 하더라도 최소한 수능을 위한 준비로서 그 어느 공부방법보다 확실하다. 영어책 읽기는 책을 읽는 동안 1분도 낭비되는 시간 없이 100% 실력으로 남는다.

- 04 -

K영어가
오고
있다

캐나다에서 공부할 때 한 여자 교수님 한 분이 중동에 계셨을 때를 얘기해주신 적이 있다. 교수님이 남자 동료에게 "Good morning." 하고 인사를 하면 그 남자 동료는 이렇게 얘기했다 한다. "아름다운 햇살이 가득 비추는 아침이야. 장미처럼 아름다운 나의 동료, 나탈리." 그 교수님의 말씀에 따르면 그 남자 동료는 간단히 '안녕'이라고 말을 끝내는 법이 없었다고 했다. 항상 온갖 수식어를 넣어 자신의 감수성을 한껏 내보이는 방식으로 말한다고 했다. 나는 교수님께 한국에서는 "식사하셨어요?"라는 인사를 자주 한다고 말했다. 곡식이 떨어져 굶어야 했던 보릿고개와 전쟁을 경험한 우리나라는 밥을 먹었는지를 중요하게 물어본다고 설명했다. 하지만 우리는 밥을 못 먹는 사람이 없는 지금도 '식사하셨습니까?'라는 인사를 한다. 언어는 그 나라의 역사와 삶을 보여준다.

각 나라마다 그 나라의 역사와 문화에 따라 형성된 독특한 개성이 있고, 그 개성은 언어에 고스란히 남게 된다. 그 나라의 언어에는 그 나라의 개성이 묻어 있고, 그 개성은 다른 나라의 언어를 사용하여 표현하더라도 그대로 드러난다. 특히 세계 공용어로 사용되는 영어의 경우 이러한 모습이 더욱 눈에 띄기 마련이다. 한국에서 쓰는 영어는 콩글리쉬, 싱가포르의 싱글리쉬, 일본의 쟁글리쉬 등이 등장한 원인도 여기 있지 않을까 생각한다. 이것은 꼭 아시아권만이 아니라 영국식 영어, 미국식 영어 사이에서도 나타난다.

나는 우리 회사에서 화상영어 수업을 해주시는 호주의 레일린 선생님과 캐나다의 케이티 선생님, 두 분과 함께 각각 1년 이상 화상으로 영어소설을 읽으며 공부를 해왔다. BTS를 좋아하는 나는 해외 유튜브의 방탄소년단 리뷰를 자주 봤었는데, 해외 유튜브에 'It's a dope.'이라는 말이 많이 나왔다. 나는 그 단어의 어원과 정확한 의미를 알고 싶어 호주의 레일린 선생님께 물었다. 선생님은 50년 넘게 살면서 처음 듣는 단어라며 아마 미국 쪽에서 많이 쓰는 말이 아닌가 하고 얘기하셨다. 반대로 영국 쪽 작가가 쓴 소설에서 모르는 부분이 있어 캐나다의 케이티 선생님께 물을 땐 케이티 선생님도 처음 듣는 말이라며 모르겠다고 얘기할 때가 많았다.

각각 자신의 나라에서 아이들을 가르치는 선생님인데 다른 것도 아니고 모국어인 영어를 묻는 것에 모른다고 대답한다는 것이 처음에는 이해가 가지 않았다. 지금은 그저 같은 나라에 살아도 의사소통이 안되는 중국도 있는데 영어는 워낙 많은 국가에서 사용하니 그런가 보다 하고 이해하고 있다.

비슷한 경험으로 인상 깊게 봤던 영화가 하나 있다. 안소니 홉킨스 주연의 〈세상에서 가장 빠른 인디언〉이라는 실화를 바탕으로 한 영화이다. 뉴질랜드의 한 노인이 오토바이 경주에 참여하기 위해 1920년산 중고 오토바이를 가지고 미국으로 건너와 우여곡절을 끝에 신기록을 세운다는 줄거리이다.

이 영화에서 자신의 꿈을 향한 한 노인의 용기가 대단히 인상적이기도 했지만, 영어 선생님인 내게 더 기억에 남았던 부분은 뉴질랜드 할아버지가 미국에 와서 겪는 언어의 문제였다. 같은 영어를 사용하는데 알아듣지 못하는 말이 많았다.

미국의 식당에서 웨이트리스가 말한 "Sunnyside up?"을 알아듣지 못해 투덜대던 앤서니 홉킨스가 생각난다. 'sunnyside up'은 '달걀을 노른

자가 위로 가도록 반숙으로 익혀드릴까요?'라는 의미이다. 대화가 원활하게 이어지지 않는 여러 상황에서 자존감을 잃지 않은 노인의 모습이 또한 인상적이었다.

나는 내가 영어를 알아듣지 못하면 마치 내가 뭔가를 잘못한 듯, 부족한 듯 쭈그러들었다. 이 영화를 보고 난 후 느끼는 바가 많았다. 영어는 외국어이고, 외국인으로서 내가 그 나라의 말을 할 때 배려받을 권리가 있다고 생각을 바꿨다. 나의 생각과 화법을 모두 미국식에 맞추어 바꿀 필요는 없으며, 내가 가르치는 아이들도 자신의 생각을 표현함에 있어 자신만의 방식을 존중받아야 한다고 생각하게 되었다.

1997년 캐나다에 처음 갔을 때 친구의 홈스테이 가족의 초등학생 아들이 하키경기를 한다고 해서 하키장에 갔다. 나는 그 아이에게 기운을 북돋아 주기 위해 큰 소리로 "파이팅!" 하고 여러 번 외쳤다. 영어권에서는 격려를 하고 싶을 때 'Go!Go!'라는 표현을 쓰는데 나는 "싸워라!"라고 말했으니 얼음판인 하키 경기장의 공기가 더 싸늘해졌었다.

하지만 이젠 사정이 달라졌다. 이젠 그들이 '파이팅'의 의미를 알아야 글로벌 지구인이라 할 수 있다. 2021년 9월 옥스퍼드 영어사전에 '파이팅'이라는 한국어가 국제 표준어로 공식 등록되었기 때문이다.

동아일보는 영국 옥스퍼드대 출판부 요청을 받아 자문위원으로 참여한 신지영 고려대 국어국문학과 교수와의 인터뷰에서 이렇게 전한다.[66]

"신 교수는 '세계에 영향력을 미치는 문화를 가진 나라로서 언어를 대하는 우리의 관점을 다시 생각해봐야 한다'고 강조했다. '한글의 우수성을 해치는 줄임말이나 합성어.'라는 비판을 받기도 했던 단어들이 오히려 한국적인 정서를 보여줬다는 것이다. 신 교수는 '언어는 문화와 함께 간다.'며 '오징어 게임의 달고나를 해외에서 그대로 받아들이듯이 우리도 외래어를 거부하기보다는 우리 나름대로 받아들이고 전파하는 것이 우리 문화를 알리는 길이다.'라고 전했다."

오락을 많이 하는 아들 덕분에 오락 유튜브를 많이 보다 보니 전 세계 e스포츠계에서 한국은 세계 최강 전투민족임을 알게 되었다. 아카데미 4관왕 기생충, 윤여정의 오스카 수상, 비틀즈 이후의 최고의 그룹 BTS, 전세계를 달고나의 도가니로 빠뜨린 오징어 게임, 한국의 아름다운 풍경과 음식을 널리 알린 넷플릭스의 정관 스님, 2억5,000만 조회 수를 기록한 한국관광공사 홍보영상의 엠비규어스댄스 컴퍼니 등 우리나라의 문화가 전 세계에 펼쳐지는 모습을 보고 있으니 가슴이 벅차오른다.

최초 한류의 시작은 200년 전 추사 김정희라 한다.[67] 당시 중국 청나라 사람들은 조선인을 보면 김정희를 아느냐고 물었다 한다. 외국인 친구들을 만나면 물어보지도 않았는데 〈기생충〉을 봤다고 얘기하며 봉준호 감독이 대단하다고 말하듯, 조선을 대표하는 학자이자 예술가인 김정희에게 청나라의 화가는 그림을 그려 팬레터를 보내기도 했다고 한다.

우리나라는 선진국을 학습하던 단계를 벗어나 전 세계적 기준을 만들어내는 위치에 서 있다. '콩글리쉬'라 무시하던 때의 우리가 아니다. K팝, K방역, K의료, K드라마 등 이제 모든 콘텐츠 앞에 코리아의 'K'를 붙이면 흐름이 되고, 기준이 되는 시기에 서 있다.

나는 머지않은 미래에 통일이 될 것이라 믿는다. 우리나라가 도약할 기회가 있다면 그것은 통일을 통해 올 것이라고 기대한다. 통일된 대한민국의 더 큰 'K'가 다가오고 있다. 우리 아이들은 그 원대한 미래를 살아갈 것이다. 미국을 따라 배우는 영어, 그들의 생각을 이어받는 영어가 아닌 우리 아이의 고유한 생각, 더 큰 대한민국의 생각을 표하기 위한 도구로서의 영어가 되어야 한다. 이제 K컬처는 세계적 주류이다. 우리 아이는 K컬처의 중심에서 주도하는 인재가 될 것이다. K영어가 오고 있다.

05

가장 잘 하고 싶은
사람은 엄마가 아닌
'아이'다

아이가 초등학교에 입학하면 엄마들이 학교로 우르르 몰려든다. 아이들의 반장, 회장 선거를 위해 백화점 문화센터에서 '반장 선거 대비 과정'이 열리기도 했었다. 아이가 반장이 되면 엄마가 '반장 엄마'라는 감투를 쓴다는 말도 있다. 아이가 반장이 되면 임원 모임에 참석해서 선생님들과 더 친밀하게 지낼 수 있기 때문이다.

내 아이가 다녔던 서울의 초등학교는 전교생이 1,000명이 넘는 큰 학교였다. 그 학교에서는 아이들의 선거 못지않게 엄마들의 선거 열기도 뜨거웠다. 당시 학부모회 회장에 당선된 엄마는 교장실을 커피숍 드나

들 듯 다녔다. 어느 날 학부모 회의에서 회장 엄마가 자신이 교장 선생님에게 회의 사안에 대해 큰소리쳤다고 자랑스레 얘기하는 모습을 보았다. 그 모습이 나의 눈에는 마치 학창시절 풀지 못했던 반장의 한을 그 엄마가 학부모회장이 되어 푸는 것처럼 느껴졌다.

이렇게 엄마가 학창시절 이루지 못했던 꿈을 아이가 학교에 다니는 동안 풀기도 한다. 아이를 통해서 대리만족을 느끼는 엄마들의 모습을 많이 본다. 시인이자 예술가인 진숙자 작가는 저서 『공부만 잘하는 아이 공부만 못하는 아이』에서 엄마들을 여러 유형으로 나누어 설명한다. 그중 대리만족형 엄마에 대해 이렇게 말하고 있다.

"지적 결핍감이 큰 엄마일수록 자녀의 학업능력과 상관없이 병적으로 성적과 학벌에 집착한다. 표면적으로는 자녀의 미래를 염려하고 걱정하는 지극한 모성이지만 실제는 자녀를 통해 대리만족하려는 잠재된 무의식의 발로다. 스스로 자신에게 속고 있는 것이기도 하다. 자녀의 성적에 따라 생활 리듬의 굴곡이 달라지고 실제 앓아눕기도 한다. 이는 잠재되어 있던 자신의 욕구를 대리만족하기 위해 자식을 빌미 삼은 것뿐이다."

부모는 자신이 이루지 못했던 꿈을 아이가 대신해 이루어줬으면 하는 심리를 보이기도 한다. 비단 저자가 말한 지적 결핍감뿐만 아니라 부모가 이루고 싶었던 삶, 힘, 물질, 외모에 대한 불만족이 심지어는 아이의 체력까지에도 영향력이 미치게 된다. 자식의 결혼을 반대하는 부모 또한 자신이 좋아하지 않는 배우자의 모습을 자녀의 예비 배우자에게 투사한 결과라고 생각한다. 나는 지난 26년간 아이들을 가르치며 여러 아이와 어머니를 만났다. 그러면서 이러한 경우를 많이 보았다.

13년 전 수유리에서 교습소를 운영할 때 비디오 가게를 하던 엄마가 있었다. 이 엄마는 자신이 이과를 가고 싶었는데 가지 못했다고 말하며, 상담하러 올 때마다 아이가 요즘 어떤지 불안해했다.

당시 일곱 살이었던 P는 차분한 성격에 책 읽기를 좋아하는 밝은 아이였다. 하지만 엄마는 수학을 잘하려면 명석해야 하는데 아이가 두루뭉술하다며 아들에 대한 불만이 많았다. 엄마는 일곱 살 아이의 미래를 수학자로 설정해두었다. 책 읽기를 무척이나 좋아하고, 운동을 잘하는 아이였는데 엄마의 바람을 위해 이리저리 수학학원에 다니느라 지쳐 있었다. 나는 지쳐 보이는 아이를 위해 P의 엄마와 얘기를 나누었다. 그러자 엄마는 선생님은 수학이 얼마나 중요한지 모르신다며 학원을 그만두었다. 지금 P는 성인이 되었을 텐데 수학자의 길을 가고 있을는지 궁금하다.

강남에 사는 D의 과외 수업에 간 적이 있었다. 어느 날 보니 아이의 얼굴과 다리에 퍼렇게 멍이 들어 있었다. 깜짝 놀라 도대체 무슨 일인지 물으니 아빠에게 맞았다는 것이었다. 아이를 저렇게까지 때릴 일이 뭐가 있었을까 하고 자세히 물어보았다. 그 아이의 엄마는 심리학과 석사 출신으로 강의도 하고 있었기 때문에 나는 더욱 의아했다.

D는 워낙 책을 좋아했다. 공부하다가 쉬는 시간이면, 그 10분 동안에도 책을 보는 아이였다. 책이 D에겐 휴식처였던 셈이다. D는 화장실에 갈 때도 책을 들고 다녔다. 아빠에게 맞은 것은 이 화장실에서였다고 한다. D는 그날 화장실에서 학습 만화를 보며 볼일을 보고 있었다. 그날따라 일찍 귀가한 아빠가 그 모습을 보고는 D가 몰래 숨어 만화책을 본다고 화를 내며 때렸다고 한다.

나중에 D의 엄마에게서 전해 듣기로, D의 아빠는 박사 출신으로 전공 분야의 연구를 계속하고 싶었다고 한다. 그러나 형편상 직장생활을 해야 해서 스트레스가 많았다고 한다. 아들 D를 자유롭게 연구할 수 있도록 해 주고 싶어서 열심히 일하고 있다고 한다. 그런데 만화책을 보고 있는 아이를 보니 욱하는 마음에 손찌검했다는 것이었다.

J 모피의 디자이너였던 한 엄마는 네 살 아이의 미래를 디자이너로 세팅해두었다. 아이의 방에는 온 세상 디자이너들의 사진이 다 붙어 있었다. 대학교에서 행정직으로 일하던 또 다른 엄마는 아이의 미래를 교수로 잡아 두기도 했다.

이렇게 우리는 우리가 생각하는 최고의 것을 아이에게 바란다. 때론 강요하기도 한다. 내가 삼겹살을 좋아하면, 남들도 당연히 좋아할 거로 생각해버리는 명백한 어리석음을 저지르며 산다.

나에게도 이랬던 경험이 있다. 학원을 운영하고 있을 때 다른 사람의 시선이 무서웠던 적이 있다. "그래도 원장님인데 아들딸들은 잘 가르쳤겠지."라는 말이 무서웠다. 그래서 나는 내 아이를 다그쳤다. 선생님의 아들딸이니 잘해야 한다는, 나로서는 중요하다고 생각했던 것을 아이에게 강요했다.

딸아이는 영리하고 리더십이 있는 스타일이라 마음이 편안했지만, 아들은 달랐다. 모든 과목을 골고루 잘하는 딸아이와 달리 아들은 같이 영어를 공부해도 영 따라올 줄 몰라 걱정이 많았다. 초보 엄마였던 나는 혹시 아들에게 문제가 있는 건 아닐까 싶어 센터에 데려가 검사를 받기도 했었다.

학원에서 공부를 가르치던 어느 날, 다섯 살이었던 아들이 갑자기 영어책을 들고 오더니 "저 이거 읽을 수 있을 것 같아요."라고 말하는 것이었다. 아무리 읽어보라고 해도 하지 않던 아이가 뜬금없이 영어책을 들고 와 읽기 시작한 것이다. 아이는 한 쪽씩 넘기며 자랑스럽게 영어책을 읽었다. 아들에게는 살짝 쑥스러워하는 눈빛과 뿌듯해하는 눈빛이 섞여 있었다. 아들은 이 책을 엄마에게 읽어주기 위해 여러 번 연습한 것 같았다. 30권이 넘는 시리즈 중 달, 별, 하늘 등이 나와 있는 그 책을 보며, 아들은 읽어줄 자신이 붙었다고 생각했을 때 내게 온 것이다. '저 이만큼 잘해요.'라는 것을 보여주기 위해 그 책을 들고 온 것이다. 나는 그때 아이를 가르치는 엄마인 나보다도 아이가 더 잘하고 싶어 한다는 것을 깊이 느꼈다. 나는 그때부터 아들을 다그치기 위해 했던 모든 행동을 멈추려고 노력했다.

내가 운영하던 공부방에서 같이 공부하던 초등 4학년 N은 다른 친구에 비해 레벨이 좀 낮았다. 조용한 성격에 새로운 것을 받아들이는 것이 빠른 성향이 아닌 데다 항상 말수가 적은 편이었다. 다른 아이들이 한마디라도 더 하고 싶어 손을 들고 "저요! 저요!"를 외칠 때나, 아이들이 깔깔대며 나와 농담을 주고받는 동안에도 자리에 앉아 웃기만 하던 친구였다.

하루는 이 친구가 물어볼 것이 있다며 질문을 했다. "선생님, 여기 이 말이 이런 뜻이지요?"라고 묻는 것이었다. 몰라서 묻는 것이 아니었다. 자신이 알고 있는 것이 맞는지 확인하고자 묻는 것도 아니었다. 자신이 이 내용을 알고 있다는 것을 내게 전하고 싶어 물어본 것이었다. 아이를 가르치는 선생님인 나보다도 더 잘하고 싶어 하는 사람은 아이임을 다시 한번 느끼게 되었다. 하지만 아이는 자신이 잘하고 싶어 한다는 것을 의식하지 못하는 경우가 많다. 그래서 잘하지 못할 거라는 생각이 들면, 잘하고 싶다는 잠재의식과 달리 손을 놓아버리고 포기하고 만다.

자신이 없어 하는 아이들은 조금의 자신감만 실어 주면 용기를 내어 자기 생각을 말한다. 이런 아이들에게 선생님이 질문할 때는 정답을 말할 수 있도록 유도된 질문을 해주어야 한다. 계속 성공을 경험하도록 해주어야 한다. 그러면 자신감이 붙고 재미를 느끼게 된다.

피겨 여왕 김연아 선수의 엄마, 박미희 씨는 저서 『아이의 재능에 꿈의 날개를 달아라』에서 이렇게 말하고 있다.

"아이는 지켜보는 만큼 달라진다. 그것은 비단 스케이트에만 해당하는 말이 아닐 것이다. 지켜보면서 아이의 습관을 파악하고, 잡아줘야 할 것을 잡아주면 훨씬 시간을 절약할 수 있다. 그런데 그냥 지켜보는 것으로는 부족하다. 집중해서 봐야 한다. 수업시간에 멍하니 앉아 있는 것과 한 시간 집중해서 앉아 있는 것에 차이가 있듯, 손님처럼 무심하게 감상해서는 안 된다. 얼마만큼 발전하고 있고 어디에서 막혀 있는지 주목하며 봐야 한다. 같이 배운다는 생각으로 봐야 하는 것이다. 그렇게 하다 보면 엄마에게도 보는 눈이 생긴다. 소리 명창이 있으면 귀명창도 있듯이, 엄마는 몸으로는 못 하지만 눈으로는 아이가 하는 만큼 볼 수 있게 된다."

저자는 "나의 전공은 오로지 연아다."라고 말할 만큼 자신의 아이를 공부했다. 그러니 우리도 아이를 공부하며 같이 커나간다고 생각하자. 그리고 아이는 엄마보다도, 그 누구보다도 잘하고 싶어 한다. 그렇게 보이지 않더라도 그렇다고 믿어라.

06

영어 독서를 통해
아이가 받게 되는
최고의 선물

나의 영어 독서 지도법과 다양한 형태의 학습관 운영의 경험을 토대로 가맹사업을 했던 적이 있다. 교습소, 공부방, 학원, 엄마표로 자녀를 공부시키고 싶은 어머니, 어학원까지 다양한 사람들에게 교수법을 전했다. 몇 년 전 우리 회사에 가맹점으로 가입한 화성의 모 대학 부설 어학원을 방문했던 적이 있다. 그 어학원의 원장님은 60세가 넘으신 분으로 그동안 수업용 교재로 강의식 수업만 지도를 해오던 중 독서의 필요성을 느끼고 의뢰를 주었다. 수업에 필요한 도서와 자료로 영어 도서관을 세팅하고, 원활한 수업 진행을 위해 필요한 자료와 서류, 교수법 등을 교육했다. 그 어학원에서 독서담당을 하고 있던 강사는 독서를 지도해본 적이 없어 수업방식을 낯설어했다. 나는 강사와 매일 수업의 피드백을 일주일 동안 주고받으며 영어 독서 교수법을 교육했다. 그 피드백을 주고받는 과정에서 이 어학원의 아이들은 다른 소규모 학원이나 교습소의 아이들과 좀 다른 면이 있다는 것을 발견했다.

나는 독서에 있어서 학습자의 의지와 자율을 중요시한다. 그것이 학습 효과에 미치는 영향력이 크다는 것을 잘 알기 때문이다. 그래서 모든 가맹점에 가능한 아이들의 의견을 존중하는 수업을 진행하라고 얘기한다. 수업의 시작은 아이가 공부할 책을 고르는 것부터라고 당부하며 스스로 공부할 책을 고르도록 권장하고 있다. 일반적으로 공부할 책을 고르라고 하면 아이들은 다양한 반응을 보이지만, 공통적으로는 매우 즐거워하며 자신이 원하는 것을 선택한다. 그런데 이 어학원의 아이들은 매우 달랐다. 강사의 피드백 중 수업할 때 가장 힘든 부분이 아이들이 자신이 좋아하는 것을 선택하지 못한다는 것이었다. 그 어학원의 아이들의 반응은 이러했다.

"그냥 선생님이 정해주는 거로 할게요."
"내가 뭘 좋아하는지 모르겠어요."
"아무거나 빨리 하고 갈래요."

지금까지 보아온 아이들과 상당히 다른 반응이라 내게는 좀 충격적이었다. 자신이 좋아하는 것을 알지 못하는 것, 자신의 기호를 포기하고 남에게 자신의 선택을 맡기는 것을 더 편안해하는 아이들이 안타까웠다.

우리가 성장하고 발전하기 위해서는 내가 누구인지, 어떤 사람인지에 대한 자아 성찰이 필요한데 그 아이들은 자신을 돌아보고 관찰할 여유가 없어 보였다.

그런 기회를 접해보지 못한 듯 보였다. 이 아이들이 대학을 갈 때 자신이 좋아하는 전공을 선택할 수 있을까, 직업을 가질 때 자신이 하고 싶은 일을 찾아낼 수 있을까, 하다못해 자신에게 알맞은 배우자를 알아볼 수 있을까 의문이다.

이러한 부분은 책을 읽고 대화를 나누는 활동을 통해 극복할 수 있다. 독서는 타인의 삶을 간접 경험하며 다른 사람을 이해하도록 도와준다. 타인의 삶을 관찰하듯 객관적인 관점에서 나를 바라보게도 해준다. 독서를 통해 나를 알게 되는 자아 성찰이 가능하다. 어릴 때일수록 이러한 경험을 많이 하도록 환경을 조성해주어야 한다.

고등학생을 가르친 적이 있다. 우리나라 수능은 지문의 대부분이 영어로 된 원서에서 발췌되어 나온다. 2022년 수능 영어에 어떤 수준의 글이, 어느 원서에서 발췌되었는지를 분석한 자료를 블로그에 올려두었으니 관심이 있다면 한 번 찾아보아도 좋다. 분석자료를 보면 영문을 이해하는 수준이 미국의 고등학생 정도는 되어야 수능의 지문이라도 읽을 수 있다. 문제를 잘 풀고 못 풀고는 그 다음 문제이다. 해리포터가 미국 초등학교 5학년의 권장도서이니 미국 고등학생의 읽기수준은 어느 정도일지 대략 가늠이 될 것이다.

그래서 나는 읽기 실력이 그 수준에 도달하지 못했다면 고1 때까지만이라도 최대한 많은 글을 읽기를 강조한다. 나와 공부했던 고1 남학생은 문제풀이 스킬에만 관심을 가졌다. 문단의 시작이 'and'이니 순서대로 나열할 때 첫 번째 나오는 문단이 아닐 것이다, 중간에 'however'가 나오면 그 뒤가 핵심이라는 것과 같은 스킬만 찾으려고 했다. 이러한 방식의 접근으로는 영어를 잘 할 수 없을 뿐만 아니라, 영어 공부에 투자하는 시간이 시험과 동시에 물거품처럼 사라지리라는 것을 알기에 안타깝기 그지없다.

EBS 다큐멘터리 〈학교란 무엇인가〉 7부에서는 독서와 뇌의 관계에 대해 이렇게 설명하고 있다.

"독서가 아주 익숙한 활동이 되면 좌뇌와 우뇌의 브로카 영역 그리고 우뇌의 각회라 불리는 영역, 소뇌 우측 반구를 포함한 측두엽, 두정엽에 광범위한 부분이 활성화됩니다. 즉 훈련을 거쳐 성숙한 뇌에 이르게 되면 더 빠른 시간에 더 많은 정보를 처리할 수 있는 거지요. 초보 독서가가 많은 시간과 노력을 들여 정보를 받아들이는 데 반해 숙련된 독서가의 뇌는 스스로 다양한 프로세스를 활용합니다. 쉽고 빠르게 이해하고 복잡한 추론도 빠르게 해낼 수 있습니다."

뇌를 발달시키는 활동이 독서이다. 아이들이 수영이나 태권도를 하며 신체를 단련하는 것과 같이 뇌를 단련하는 운동이 바로 독서이다. 대부분의 부모님들은 어릴 때는 책을 많이 읽어주려 노력한다. 그러나 초등학교에 입학함과 동시에 모두 문제풀이를 시키지 못해 불안에 떤다. 그도 그럴 것이 주변의 엄마들이 모두 시키기 때문이기도 하고, 혹시 내 아이만 하지 않아 학교에서 성적이 떨어지지 않을까 걱정이 되는 마음이 있을 것이다.

국어 점수가 낮으면 국어 문제집을 풀리고, 과학 성적이 좋지 않으면 과학 학습지를 풀린다. 당장 아이의 국어 교과서를 펼쳐보라. 우리나라 국어 교과서는 책을 읽고 생각을 나누는 독서 단원으로 시작한다. 단원마다 아이들이 해야 할 활동은 '생각해 보세요, 표현해 봅시다, 친구들과 이야기해 봅시다.' 등의 공유활동이다. 1, 2, 3, 4번 중에서 고르는 문제는 하나도 없다.

그런데 성적을 올리기 위해 문제집을 푼다. 정답을 찾는 훈련을 시키며, 아이의 생각을 번호 네 개로 축소하는 훈련을 계속하고 있다.

뉴로사이언스러닝 출판사의 도서 『영어책 읽는 두뇌』에서는 독서행위가 왜 그렇게 중요한지에 대해 이렇게 말하고 있다.

"독서하는 뇌가 고도로 진화한 대가로 받는 가장 중요한 선물이 유창한 독서가에게 주어질 시기가 도래한 것이다. 그 선물은 바로 시간이다. 해독 프로세스가 거의 자동화되면서 유창하게 독서하는 아이의 뇌는 1밀리세컨드의 여유가 생길 때마다 점점 더 많은 은유, 추론, 유추와 감정과 배경지식의 통합 방법을 배운다. 독서의 발달 과정상 최초로 다른 방식으로 생각하고 감정을 느낄 수 있을 만큼 뇌가 빠르게 회전하기 시작하는 것이다. 시간이라는 선물은 '끝없이 기상천외한 사고'를 할 수 있는 능력의 생리적 기반이 된다. 독서행위에서 이보다 더 중요한 것은 없다."

아이에게 독서를 그렇게 강조하는 이유는 지식을 머릿속에 넣기 위함이 아니다. 독서 활동을 통해 발달된 뇌에게 주어지는 선물은 바로 '시간'. 우리가 아이와 독서를 하는 이유는 그 시간을 선물로 받기 위해서이다. 독서를 통해 뇌가 커지고, 상상력도 커지고, 꿈도 커진다. 적어도 뇌가 폭발적으로 발달하는 초등 시기에는 아이의 생각을 축소하는 문제집 말고 책을 주자. 영어 독서를 통해 아이가 받게 되는 최고의 선물, 시간을 주자.

미주

&

알파벳부터 해리포터까지 로드맵
Reading Belt

ENGLISH

미주

1) 『영어책 읽는 두뇌』, 뉴로사이언스러닝, 33~36쪽

2) 중앙일보 2008.11.28.

3) 문화일보 2020.02.26.

4) https://if-blog.tistory.com/1371 [교육부 공식 블로그:티스토리]

5) 한국경제신문 2014.12.05.

6) https://brunch.co.kr/@minkyung2525

7) https://hellomummy.tistory.com/22?category=905299

8) Raz-kids Level D, Elizabeth Jane Pustilnik

9) Raz-kids level aa, Marilyn Edna Slevin

10) KBS 스페셜 〈당신이 영어를 못하는 진짜 이유〉

11) KBS 스페셜 〈당신이 영어를 못하는 진짜 이유〉

12) EBS 교육대기획 〈학교란 무엇인가〉 7부

13) Raz-kids Level I, Sean McCollim

14) Raz-kids Level L, Evan Russell

15) 경향신문, 2010.02.15.

16) Raz-kids Level L, Natalie Rompella

17) Raz-kids Level M, Sharon Bowes

18) Raz-kids Level M, Ned Jensen

19) 조승연, 『플루언트』, 와이즈베리

20) Raz-kids Level R, Elizabeth Strauss

21) https://www.index.go.kr/potal/main/EachDtlPageDetail.do?idx_cd=1528

22) Raz-kids level B, Brian Roberts

23) Raz-kids level F, Mary Ann Marazzi

24) Raz-kids level B, Edie Evans

25) Step into Reading 시리즈 2단계, Joy Hulme

26) Raz-kids Levle E, Torran Anderson

27) EBS NewsG_ep134, 덴마크 · 핀란드의 미래 교육을 말하다, 2014.07.15.

28) Raz-kids Level J, Edie Evans

29) Raz-kids Level M, Steven Accardi

30) 죠세프 주베르 , 프랑스, 1754~1824

31) Razkids Level D, Harriet Rosenbloom

32) 두산백과 두피디아

33) Raz-kids level S, Chuck Garofano

34) Raz-kids level K, Mike Stark

35) https://hub.lexile.com/analyzer 사이트에 문장을 입력하면 렉사일 지수가 측정된다.

36) Razkids Level J, Rus Buyok

37) Capstone, Mark Weakland

38) KBS 스페셜 〈당신이 영어를 못하는 진짜 이유〉

39) Razkids Level E, Keith and Sarah Kortemartin

40) Razkids Level E, Rebecca Sandies

41) 에릭 켄델, 『기억을 찾아서』, 알에이치코리아

42) https://scholarwithin.com/average-reading-speed

43) Razkids Level C, Racheal Rice

44) Razkids Level L, Kira Freed

45) Razkids Level E, Sarah Ghusson

46) Razkids Level C, Edie Evans

47) Razkids Level aa, Elizabeth Jane Pustilnik

48) Razkids Level M, Renee Mitchell

49) Razkids Leve l, Kira Freed

50) Razkids Level M, Cheryl Reifsnyder

51) Razkids Level N, Sarita Krischan

52) Razkids Level K, R. K. Burrice

53) Razkids Level G, Sarah Ghusson

54) Razkids Level M, Jennifer Dobner

55) Razkids Level M, Renee Mitchell

56) Razkids Level J, Ellen Foesrt

57) Razkids Level I, Kira Freed

58) Razkids Level N, Jennifer Dobner

59) Guided Reading Good First Teaching for All Children, Fountas & Pinnell

60) Razkids Level L, Karen Mockler

61) Razkids Level O, Sean McCollum

62) 저자의 자녀 이름

63) Razkids Level L, Mariebeth Boelts

64) 웅진주니어, 박은정 글

65) 지식 맵, 개념 맵, 스토리 맵, 인지 구성 도우미, 고급 구성 도우미 또는 개념 다이어그램이라고도 하는 그래픽 구성 도우미는 시각적 기호를 사용하여 지식과 개념을 관계를 통해 표현하는 교육학 도구이다. (출처: 위키백과)

66) 동아일보, 2021.10.13.

67) 이주은 건국대 문화콘텐츠학과 교수, 조선미디어, 2020.02.15.